FORSCHUNGSBERICHTE
DES WIRTSCHAFTS- UND VERKEHRSMINISTERIUMS
NORDRHEIN-WESTFALEN

Herausgegeben von Staatssekretär Prof. Leo Brandt

Nr. 79

Techn.-Wissenschaftl. Büro für die Bastfaserindustrie, Bielefeld

Trocknung von Leinengarnen III
Spinnspulen- und Spinnkopstrocknung
Vorgang und Einwirkung auf die Garnqualität

Als Manuskript gedruckt

Springer Fachmedien Wiesbaden GmbH

1953

ISBN 978-3-663-19994-6   ISBN 978-3-663-20344-5 (eBook)
DOI 10.1007/978-3-663-20344-5

Forschungsberichte des Wirtschafts- und Verkehrsministeriums Nordrhein Westfalen

Gliederung

I. Einleitung, Aufgabenstellung . . . . S. 5

II. Versuchsdurchführung . . . . S. 6

   A. Trockentemperatur . . . . S. 6

   B. Messung der Feuchtigkeit innerhalb der Spinnspulen- bzw. der Spinnkops während der Trocknung . . . . S. 8

   C. Durchführung der Versuche . . . . S. 1o

      1. Vorversuche am Trockenapparat . . . . S. 1o

      2. Vorversuche am Textometer . . . . S. 11

      3. Ermittlung der Trocknungskurven . . . . . . S. 13

         a) Spinnspulen . . . . S. 13

         b) Spinnkops . . . . S. 15

      4. Ermittlung des Trocknungseinflusses auf die Reißfestigkeit und Reißdehnung der Garne . . S. 16

         a) Spinnspulen . . . . S. 16'

         b) Spinnkops . . . . S. 17

         c) Statistische Sicherheit bei der Beurteilung der Vergleichsergebnisse . . . . . . S. 17

III. Auswertung der Versuchsergebnisse . . . . S. 2o

   A. Trocknungskurven, Sorptionskurven und Gutstemperaturkurven von Flachs- und Flachswerggarnen auf Spinnspulen und Spinnkops bei verschiedenen Trocknungsbedingungen . . . . S. 2o

   B. Einfluß der verschiedenen Trocknungsluftzustände auf die Festigkeit von Flachs- und Flachswerggarnen . . . . S. 44

   C. Einfluß der Trocknungsverhältnisse auf die Dehnungseigenschaften von Flachs- und Flachswerggarnen. S. 53

   D. Weitere Beobachtungen und Bemerkungen . . . . . S. 59

IV. Zusammenfassung . . . . S. 6o

Forschungsberichte des Wirtschafts- und Verkehrsministeriums Nordrhein Westfalen

I. Einleitung, Aufgabenstellung

In Fortsetzung der bereits an Einzelfäden, Strängen und Kreuzspulen durchgeführten systematischen Untersuchungen der Trocknung naßgesponnener Leinengarne hat das Techn.-Wissenschaftl. Büro für die Bastfaserindustrie im Auftrage der Industrie weitere Trocknungsuntersuchungen an Garnen auf Spinnspulen und Spinnkops vorgenommen. Auch diese Arbeiten sollen dazu dienen, Unterlagen über zweckmäßige Durchführung der verschiedenen Trocknungsverfahren für naßgesponnene Leinengarne zu sammeln und jene Grenzen für die Temperatur der Trocknungsluft festzulegen, die im Interesse der Güteeigenschaften dieser Garne beachtet werden müssen.

Der erste Teil der Versuche betraf die Behandlung von Flachs- und Flachswerggarnen als Einzelfäden und in Strangform mit Warmluft, deren Feuchtigkeit und Temperatur in weiten Bereichen verändert wurden, der zweite Teil hatte die Trocknung der Garne in Kreuzspulen ebenfalls in weitgehender Veränderung der Trocknungsluft zum Gegenstand. Die Ergebnisse dieser umfangreichen Untersuchungen sind in den Berichten "Trocknung von Leinengarnen I" vom Juli 1951 sowie "Trocknung von Leinengarnen II" vom Juli 1952 niedergelegt; sie enthalten Beobachtungen und Auswertungen der Trocknungsvorgänge im Innern des Garnes und deren Auswirkungen auf die Festigkeit und Dehnung der Garne. Bei den Arbeiten mit Kreuzspulen wurden ausserdem Trocknungsverlauf und evtl. Güteabweichungen in den verschiedenen Schichten der Spule beobachtet.

Im folgenden werden die Versuche ausgewertet, bei denen nasse Spinnspulen mit Flachs- bzw. Flachswerggarnen und nasse Spinnkops mit Flachsgarnen unter Veränderung von Temperatur und Feuchtigkeit der Luft getrocknet wurden, und die zum Ziele hatten:

1. Ermittlung des zeitlichen Verlaufs der Trocknung und der Veränderung des Restfeuchtegehaltes (Trocknungskurven)

2. Ermittlung des zeitlichen Verlaufes der Gutstemperaturen während des Trocknungsvorganges

3. Feststellung der Grenzen einer Materialschädigung.

Einbezogen wurden Untersuchungen, welche die verschiedenen Lagen sowie Schichten des Garnes auf der Spinnspule bzw. auf dem Spinnkop berücksichtigen.

Zur Ermittlung der Gutstemperaturen konnten die bei früheren Untersuchungen (Berichte I und II) bestimmten Sorptionskurven (Abhängigkeitskurven zwischen Garnrestfeuchte und rel. Luftfeuchtigkeit bei verschiedenen Temperaturen) für Flachs- und Flachswerggarne verwendet werden.

II. Versuchsdurchführung

A. Trockenapparatur

Die Trocknungsversuche wurden in einem hierfür besonders konstruierten Apparat[1] durchgeführt. Dieser Apparat ist eingehend im Bericht I beschrieben. Er arbeitet mit einer selbsttätig wirkenden Regeleinrichtung für den Heizdampf bzw. für die Zu- und Abluft, so daß die Versuche bei einstellbarer, dann aber jeweils konstanter Temperatur und Feuchtigkeit der Trocknungsluft vorgenommen werden konnten. Der Luftkreislauf wird mittels eines Ventilators V erreicht, der die Luft aus dem Trockenraum T ansaugt und über die Heizbatterie H drückt. Leitbleche L sorgen für eine wirbelfreie Führung der Luft beim Eintritt in die Trockenkammer T. Zur Regulierung der Feuchtigkeitsverhältnisse ist vor dem Ventilator V eine Doppelluftklappe K angeordnet, die eine Regulierung von Abluftaustritt und Frischluftzutritt ermöglicht. Durch ein feinperforiertes Rohr R zwischen Ventilator und Heizbatterie kann Dampf in den Luftstrom eingeblasen werden, um der Luft erforderlichenfalls zusätzliche Feuchtigkeit zuzuführen. Die Abbildung 1 gibt schematisch den Aufbau der Trockenapparatur wieder.

Der Ventilator war bei der Trocknung von Spinnspulen und Spinnkops als Niederdruckventilator ausgebildet. Die Luftgeschwindigkeit wird durch ein Staugerät kontrolliert, welches in dem Luftaustrittskanal der Trocknungskammer angeordnet ist und die Differenz zwischen dynamischem und statischem Druck im Kanal anzeigt. Hieraus läßt sich die jeweilige Luftgeschwindigkeit errechnen.

Zur Aufnahme der Spinnspulen bzw. Spinnkops diente ein Einsatzgestell mit senkrecht nach oben stehenden Stiften. Dieses Gestell besteht für die

---

[1]. Im Zusammenwirken mit Dipl.-Ing. TH. JAEGGLE, Maschinenbau, Bielefeld, jetzt Bisingen/Hohenzollern.

Forschungsberichte des Wirtschafts- und Verkehrsministeriums Nordrhein Westfalen

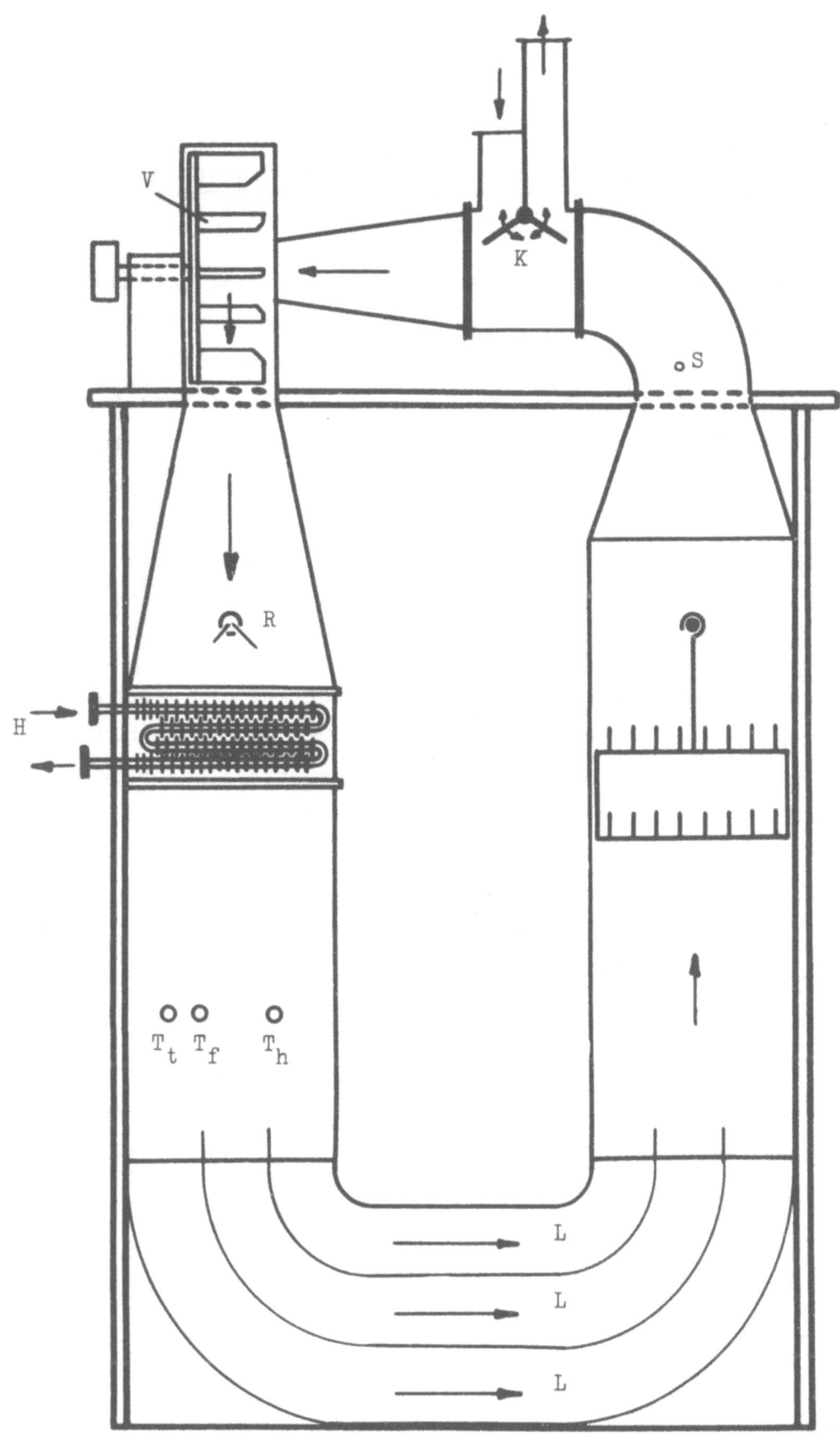

Abbildung 1
Trockenapparatur (Schema)

Spinnspulen aus 2 Etagen, während die Spinnkops nur in einer Ebene aufgestellt werden.

B. Messung der Feuchtigkeit innerhalb der Spinnspulen und Spinnkops während der Trocknung

Um die Trocknungskurven, d.h. die Kurven der Feuchtigkeitsabnahme über der Trocknungszeit zu ermitteln, mußte in jedem Zeitpunkt des Versuches der Feuchtigkeitsgehalt des zu trocknenden Gutes festgestellt werden. Bei der Trocknung der Garne in Strähnform erfolgte diese Feststellung durch laufende Gewichtskontrolle während der Trocknung durch eine vorhandene Wägeeinrichtung (vergl. Bericht I). Aus der so registrierten Gewichtsabnahme konnte die jeweilige mittlere Feuchtigkeit errechnet und hieraus Trocknungskurven aufgestellt werden, wobei als Bezugspunkt die nachträglich durch Konditionierung festgestellte Restfeuchtigkeit des Garns herangezogen wurde.

Bereits bei der Kreuzspultrocknung war von dieser Art der Feuchtigkeitskontrolle abgesehen worden, da die laufende Feuchtigkeitsabnahme bzw. Gewichtsänderung nicht nur im Mittel aller eingesetzter Kreuzspulen festgestellt werden sollte, sondern der Verlauf der Trocknung bzw. der Feuchtigkeitsabnahme auch innerhalb der einzelnen Kreuzspulen zu untersuchen war. Infolgedessen mußten differenziertere Meßmethoden herangezogen werden. Hierfür wurden Geräte verwendet, die den elektrischen Widerstand textiler Faserstoffe, der eine exponentielle Funktion ihres Feuchtegehaltes darstellt, messen und - nach entsprechender Eichung - deren prozentualen Feuchtigkeitsgehalt angeben (vergl. Bericht II).

Für die vorgesehene Untersuchung der Spinnspulen und -kops wurde, ebenso wie bei dem Kreuzspultrocknungsversuch, der Elektro-Feuchtigkeitsmesser Textometer (DRP) der Elektromechanischen Werkstätten Dr.-Ing. H. Mahlo, Saal/Donau, herangezogen. Der übliche Typ BMS erlaubt aber nur Messungen in einem beschränkten mittleren Feuchtigkeitsbereich, bei Flachs zwischen etwa 7 und 16 %[2]. Damit wäre nur ein verhältnismäßig kleiner Ausschnitt aus den Trocknungskurven zu erfassen gewesen. Es wurde daher zusätzlich

---

2. Bei 20°C Lufttemperatur. Der Meßbereich ist temperaturabhängig, wie im Verlauf der Untersuchungen festgestellt werden konnte.

ein zweites Textometer-Gerät Typ CMB [3] benutzt, das die Messung der Feuchtigkeit von etwa 20 % aufwärts gestattete. Mittels dieser beiden Apparate konnte daher praktisch die gesamte Feuchtigkeitsabnahme während der Trocknung verfolgt werden.

Wie erwähnt, ist der Leitwert textiler Faserstoffe in hohem Maße (exponentiell) von ihrem Feuchtigkeitsgehalt abhängig. Daraus ergibt sich, daß die Veränderung des Widerstandes bei Feuchtigkeitsunterschieden ausserordentlich groß ist und selbst kleine Abstufungen der Gutsfeuchtigkeit noch einwandfrei angezeigt werden. Ferner ist zu erwarten, daß demgegenüber der Einfluß anderer Faktoren zurücktritt und damit eine Gewähr für die Ausschaltung unbeabsichtigter Einwirkungen auf das Meßresultat gegeben ist.

Das Gerät besteht aus einem stabilisierten Netzteil und einem Anzeige-Instrument mit einer je nach Faserstoff auswechselbaren Skala der prozentualen Feuchtigkeit. Die Messung selbst erfolgt über einen Meßkopf, der mit dem Gerät durch eine elektrische Leitung verbunden ist. An den Meßkopf werden Elektroden angeschlossen, die je nach Art des Prüfgutes verschieden ausgebildet sind. Für Garne werden Nadelelektroden verwendet.

Bei den Trocknungsversuchen an Spinnspulen bzw. Spinnkops wurden, wie erwähnt, die Feuchtigkeitszustände auch in verschiedenen Schichten (drei Höhenschichten, zwei Radialschichten) während der Trocknung festgestellt.

Hierzu waren spezielle dünne Nadelelektroden vorgesehen. Zu beachten war, daß bei der Widerstandsmessung, wie sie beim Textometer angewandt wird, jeweils die feuchteste Stelle der Probe für die Anzeige maßgebend ist. Da schon aufgrund der Erfahrungen bei der Kreuzspultrocknung angenommen werden konnte, daß sowohl innerhalb der beiden Radialschichten als auch innerhalb der Höhenschichten der Verlauf der Trocknung und dementsprechend auch der jeweilige Feuchtigkeitsgehalt unterschiedlich war, mußten die Nadeln, um die Feuchtigkeit nur in der ihnen zugewiesenen Schicht zu messen, bis auf eine Spitze von 5 mm Länge durch eine besondere Isolierung abgedeckt werden.

---

3. Dieses wurde freundlicherweise von der Fa. Elektromechanische Werkstätten Dr.-Ing. H. Mahlo, Saal/Donau zur Verfügung gestellt.

Zu jeder Elektrodennadel gehört grundsätzlich, dem Meßprinzip entsprechend, eine geerdete Nadel (Massenadel). Bei der angewandten Art der Messung brauchte jedoch angesichts der nur geringen radialen Ausdehnung des Garnkörpers für die beiden verschieden langen Nadelelektroden einer Höhenschicht nur eine einzige Massenadel eingesetzt zu werden. Jede Elektrodennadel mißt bei dieser Anordnung den Widerstand der feuchtesten Garnstelle um die nicht isolierte Nadelspitze. Entsprechend dem örtlich erfaßten Wert der Feuchtigkeit kann dieser für die gesamte Schicht naturgemäß nur in Annäherung gelten.

Jede Elektrodennadel konnte mittels einer eigenen elektrischen Zuleitung und Steckvorrichtung mit dem Meßkopf verbunden werden. Durch Umstecken war es möglich, während des Trocknungsversuches laufend hintereinander den Ohm'schen Widerstand und damit die Feuchtigkeit jeder der 6 Meßstellen der Spinnspulen bzw. Spinnkops am Textometer zur Anzeige zu bringen.

C. Durchführung der Versuche

1. Vorversuche am Trockenapparat

Zur Kontrolle der Arbeitsgenauigkeit der Trocknungseinrichtung und der Regelanlage sowie der Konstanz des eingestellten Luftzustandes dienten erneut Vorversuche. Die Ungleichmäßigkeit der zu verschiedenen Tageszeiten zur Verfügung stehenden Dampfverhältnisse machte es angesichts der langen bei der Spinnspulentrocknung zu berücksichtigenden Trocknungsdauer notwendig, ein Reduzierventil einzubauen, so daß ein konstanter Dampfdruck für die Heizung sowie für die Befeuchtung der Luft zur Verfügung stand. Hierdurch war eine vollautomatische Regelung sichergestellt. Eine Kontrolle der Registrierdiagramme ergab, daß das Mittel der Zustandsgrößen während der gesamten Trocknungszeit nicht über $\pm 2^\circ C$ bei der Temperatur bzw. $\pm 2\%$ bei der Luftfeuchte hinausging, während kurzzeitige Schwankungen $\pm 5^\circ C$ bzw. $\pm 5\%$ gegenüber den eingestellten Werten nicht überschritten. Diese kurzzeitigen Schwankungen lassen sich natürlich bei der Regelung durch bewegte Klappen und Ventile nicht völlig ausschalten; sie waren innerhalb der angegebenen Grenzen um so größer, je höher die Temperatur und je höher die Luftfeuchte der Trocknungsluft lagen[4].

---

4. Demgegenüber deckten sich die Diagrammlinien gut mit der Anzeige eines im Trockenraum aufgehängten und von außen beobachteten Thermometerpaares.

Forschungsberichte des Wirtschafts- und Verkehrsministeriums Nordrhein Westfalen

2. Vorversuche am Textometer

Wenn auch bereits Erfahrungen hinsichtlich der Feuchtigkeitsmessung mittels des Textometers vorlagen, mußten dennoch bei der Trocknung von Spinnspulen und Spinnkops umfangreiche Vorversuche gemacht werden, ehe einwandfreie Messungen durchgeführt werden konnten. Zunächst traten erhebliche Schwierigkeiten bei der Isolierung der Elektrodennadeln auf, die jedoch im Laufe der Zeit erfolgreich überwunden wurden.

Wie bereits im Bericht II dargelegt, besteht eine Temperaturabhängigkeit für das Verhältnis Feuchtegehalt zum elektrischen Widerstand, d.h. daß eine für einen Bereich von $20°C$ ermittelte Eichkurve keine Gültigkeit für andere Temperaturen hat. Infolgedessen mußten bei dem Kreuzspultrocknungsversuch Eichkurven für höhere Temperaturbereiche aufgestellt werden, wobei eine besondere Methodik angewandt wurde, die im Bericht II näher beschrieben ist.

Diese damals ermittelten Eichkurven konnten auch für die hier vorgenommenen Trocknungsversuche an Spinnspulen und Spinnkops ohne weiteres übernommen werden. Abbildung 2 gibt diese Eichkurven für die Temperaturbereiche $20°$, $50°$, $70°$ und $90°C$ wieder. Es sei hier wiederholt, daß die Beziehung zwischen elektrischem Widerstand des Materials in Kilo- bzw. Mega-Ohm und der Materialfeuchte in Prozent, aufgetragen im logarithmischen Koordinatensystem, im Bereich niedriger Feuchte (Textometer Typ BMS) für alle Temperaturen gradlinig, im Gebiet höherer Feuchte (Typ CMB) parabelförmig verläuft.

Die Eichkurven für die einzelnen Temperaturen liegen in ihrer Höhe deutlich abgestuft, für höhere Temperaturen tiefer als für niedrige. Je höher nämlich die Temperatur der feuchten Probe, desto geringer der elektrische Widerstand bei gleicher Feuchte. Infolgedessen gibt die gleiche Ablesung am Textometer bei höherer Temperatur eine niedrigere Feuchtigkeit an.

Mit Hilfe dieser Eichkurven war es möglich, durch Einsatz der beiden Textometer mit mehreren Elektrodennadeln die Veränderung des Feuchtigkeitszustandes während der Trocknung unter verschiedenen Temperatur- und Feuchtigkeitsverhältnissen der Trocknungsluft sowohl in den einzelnen Wicklungsschichten als auch parallel an verschiedenen Spinnspulen bzw. Spinnkops nebeneinander zu verfolgen. Dies wäre auf anderem Wege, z.B. durch Wägung, nicht zu erreichen gewesen.

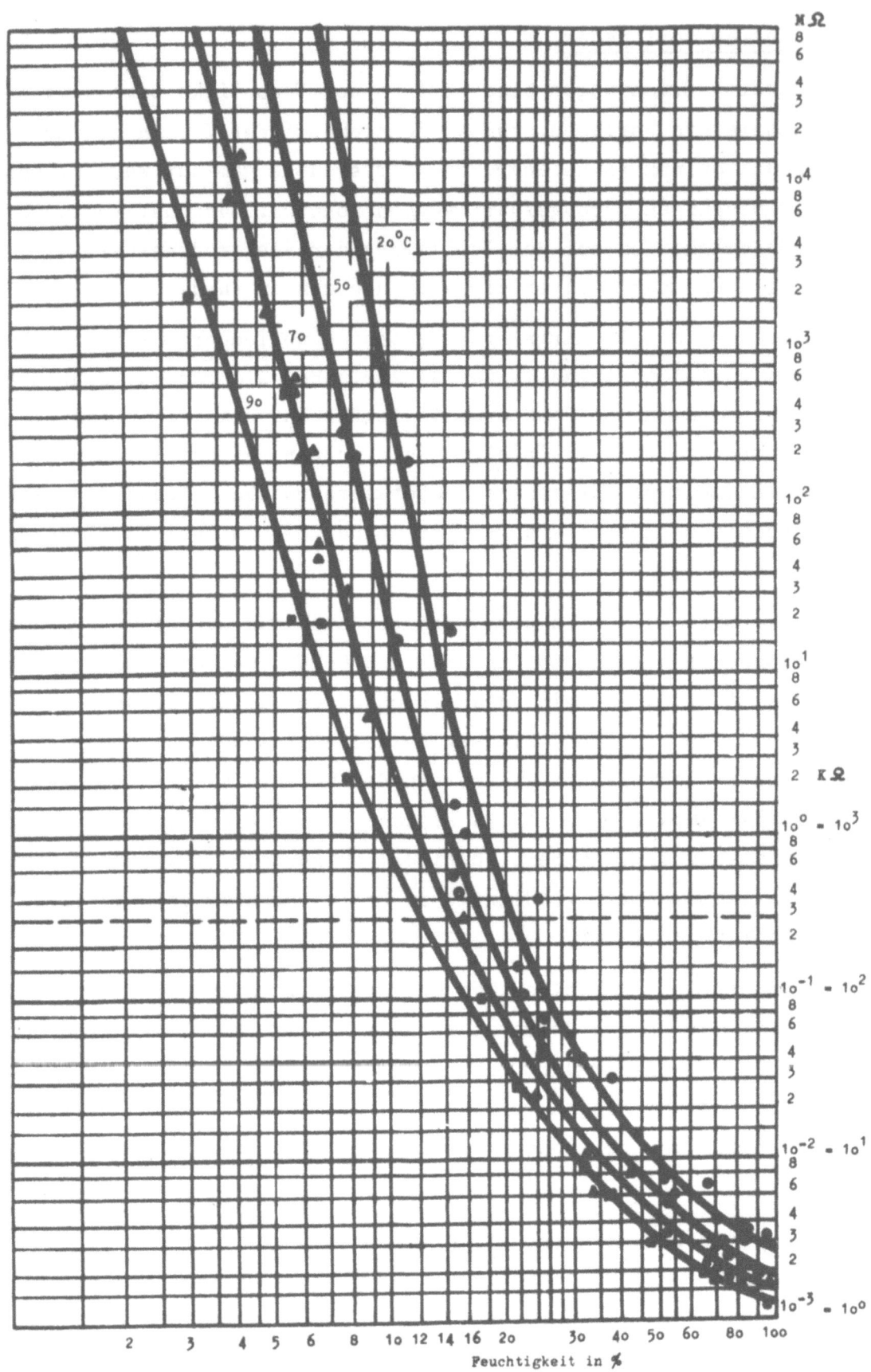

A b b i l d u n g 2

Eichkurven für Textometer

Forschungsberichte des Wirtschafts- und Verkehrsministeriums Nordrhein Westfalen

3. Ermittlung der Trocknungskurven

a) S p i n n s p u l e n

Alle Versuche wurden mit Flachsgarn Ne_L 35 und Flachswerggarn Ne_L 18, beide roh, durchgeführt. Um für die Dauer des Versuches ein einheitliches Garn zur Verfügung zu haben, war bei Beginn der Untersuchungen je eine Teilpartie Flachs- und Flachswergvorgarn reserviert worden. Diese Vorgarne wurden nach Bedarf auf je einer für diese Versuche zur Verfügung gestellten Maschine mit stets den gleichen Spindeln versponnen und die anfallenden Spinnspulen sofort in den Trockenapparat eingesetzt.

Die Teilung der verwendeten Maschine betrug bei Flachsgarn 2 1/4 ", bei Werggarn 2 3/4". Diese Größen entsprechen auch den Bewicklungshöhen der Spulen. Die volle Flachsgarnspule besaß einen Durchmesser von etwa 38 mm an der stärksten Stelle, die volle Werggarnspule einen solchen von etwa 48 mm. Die Garnlängen lagen jeweils im Bereich von 600 - 700 m je Spule. Im feuchten Zustand betrug das Nettogewicht bei Flachsgarn etwa 50 g, bei Werggarn etwa 100 g, was in beiden Fällen einem Feuchtegehalt von etwa 70 % entsprach.

Je Versuch kamen 16 Spulen zum Einsatz. 3 Spulen waren für Festigkeits- und Dehnungsuntersuchungen, 3 für Elastizitätsuntersuchungen am laufenden Faden, 4 für die Feststellung des Restfeuchtegehaltes nach Abschluß der Trocknung bestimmt, während an den übrigen die Feuchtigkeitsmessung während des Versuches vorgenommen wurde.

Bei den Untersuchungen über die unterschiedlichen Feuchtigkeiten in den verschiedenen Schichten (bei 90°C) hatte sich herausgestellt, daß die Trocknung der inneren Schicht in der Mitte der Spinnspulen am längsten dauert, da an dieser Stelle die Garnauflage am stärksten ist. Infolgedessen wurde die Kontrolle der Abnahme der Feuchtigkeit und die Feststellung ihres Endwertes in Fällen, bei denen die Messungen nicht auf die einzelnen Schichten der Spulen ausgedehnt wurden (50 und 70°C), innen im Mittelteil der 6 Spinnspulen vorgenommen.

Die feuchten Spinnspulen wurden außerhalb des Apparates auf den Einsatzrahmen gesteckt und die Elektrodennadeln an den betr. Spinnspulen eingeführt.

Wenn nach einer bestimmten Betriebszeit sich eine Konstanz der gewünschten

Temperatur- und Luftfeuchtigkeitsverhältnisse im Trockner eingestellt hatte, erfolgte das Einbringen des Einsatzrahmens mit den Spinnspulen in den Trockenraum.

Sofort nach dem Einsatz wurde die Anzeige des Textometers in Kilo- oder Mega-Ohm für die verschiedenen Meßstellen hintereinander festgestellt und normalerweise in Abständen von 30 - 60 min jeweils neu aufgenommen. Die Messung konnte ohne Abstellen des Ventilators, somit also ohne jegliche Störung des Trocknungsluftzustandes, durchgeführt werden. Zu Anfang jedes Trocknungsversuchs kam der Textometer Typ CMB, nach Unterschreiten einer Feuchtigkeitsgrenze von etwa 20 % Typ BMS zum Einsatz. Wenn die am langsamsten trocknende Meßstelle den auf dem Textometer BMS ablesbaren Höchstohmwert, d.h. den niedrigsten Feuchtigkeitswert, erreicht hatte, wurde, um eine völlige Durchtrocknung der Spinnspulen sicherzustellen, die Trocknung etwa 10 % länger als die bis dahin festgestellte Trocknungszeit fortgesetzt. Danach wurden die Spinnspulen aus dem Trockner genommen und an 4 von ihnen unverzüglich das Gewicht festgestellt. Das Garn dieser Spulen wurde sodann im Konditionierapparat ausgetrocknet, um die Restfeuchte der unter den jeweiligen Bedingungen getrockneten Proben zu erhalten.

Die bereits beschriebenen Eichkurven ermöglichten die Übertragung der abgelesenen Ohmwerte in Prozentzahlen der Garnfeuchtigkeit zu jedem Zeitpunkt der Trocknung. Aufgetragen über der Zeit, ergeben diese Werte zusammen mit der durch die Konditionierung festgestellten Restfeuchte ein Schaubild des zeitlichen Verlaufs der Feuchtigkeitsabnahme in der Spinnspule (Trocknungskurve).

Da die Trocknungszeiten, insbesondere bei den niedrigeren Temperaturen bzw. bei einer hohen rel. Luftfeuchte, außerordentlich lang waren (48 Stunden und mehr), mußte in einzelnen Fällen auf eine laufende Kontrolle der Feuchtemessungen verzichtet werden. Da der grundsätzliche Verlauf der Trocknungskurven ähnlich sein mußte wie bei der Strähn- und Kreuzspultrocknung, erschien es in vielen Fällen ausreichend, nur Anfang und Schluß des Trocknungsverlaufs zu erfassen.

Die Temperatur wurde wie folgt variiert:

$$50°, 70° \text{ und } 90° \text{ C.}$$

Die Versuche mit veränderlicher Temperatur wurden mit einer rel. Luftfeuchtigkeit von rd. 7 % und rd. 30 % durchgeführt. Bei dem Versuch mit 70°C wurde außerdem eine rel. Luftfeuchte von 60 % eingehalten, um festzustellen, ob die bereits bei Einzelfaden- und Kreuzspultrocknung ermittelten Festigkeitsverminderungen bei hoher Luftfeuchte wiederum auftraten. Es wurde aber darauf verzichtet, mit so hohen Luftfeuchtigkeiten auch bei den beiden anderen Temperaturen zu arbeiten, da erfahrungsgemäß in der Praxis solche Fälle kaum vorzukommen pflegen.

Da naturgemäß die Anfangsfeuchtigkeiten des in die Trockenkammer eingehängten Materials nicht in allen Fällen übereinstimmen, wurden zur einwandfreien Vergleichsmöglichkeit alle Kurven auf einen Anfangswert von 70 % Feuchtigkeit verschoben.

Aus den unter den vorstehend geschilderten Trocknungsluftzuständen ermittelten Trocknungskurven lassen sich unter Verwendung von Sorptionskurven Gutstemperaturen ermitteln, worauf im Abschnitt "Auswertung der Versuchsergebnisse" eingegangen wird.

b) S p i n n k o p s

Diese Versuche wurden mit <u>Flachsgarn Ne_L 18, roh,</u> aus einer reservierten einheitlichen Vorgarnpartie durchgeführt. Zur Herstellung der Garne standen jeweils die gleichen Spindeln einer Maschine zur Verfügung.

Das Garn wurde auf 220 mm langen perforierten Alu-Hülsen mit einer Maschine mit Ringen von 63 mm $\emptyset$ gesponnen. Der Durchmesser der Kops betrug ca. 52 - 54 mm. Das Naßgewicht lag um 220 g, die Garnlänge bei rd. 1.500 m.

Zum Einsatz kamen je Trockenversuch 6 Kops, von denen 2 für die Festigkeitsuntersuchungen, 2 für Prüfungen der Elastizität am laufenden Faden nach der Trocknung, 2 für die Feuchtigkeitsmessung während des Versuchs und für die Bestimmung des Restfeuchtegehaltes nach dem Versuch verwendet wurden. Die Feuchtemessung erfolgte an 3 Höhenschichten sowie in Einzelfällen in 2 Radialschichten.

Im übrigen verliefen die Versuche in gleicher Weise wie bei den Spinnspulen, wobei Temperatur und Feuchtigkeit in der beschriebenen Weise variiert wurden.

Forschungsberichte des Wirtschafts- und Verkehrsministeriums Nordrhein Westfalen

4. Ermittlung des Trocknungseinflusses auf die Festigkeit und Reißdehnung der Garne

a) S p i n n s p u l e n

Wie bereits gesagt, wurden je Trockenversuch 3 der getrockneten Spulen zur Reißfestigkeits- und Dehnungsprüfung herangezogen. Grundsätzlich wurde die Beeinflussung dieser Werte durch die Trocknung mittels Vergleich mit bei Zimmertemperatur getrockneten Garnen festgestellt.

Wenngleich bei der Mehrzahl der Versuche ins Gewicht fallende Unterschiede zwischen den Festigkeits-(Reißlängen-) und Reißdehnungswerten an verschiedenen Stellen der Spule (außen, Mitte, innen) nicht beobachtet werden konnten, wurde - um Unsicherheitsfaktoren auszuschließen - zur Feststellung der Gütewerte nur das Garn aus der Außenschicht der Spulen herangezogen und zwecks Ermittlung des Trocknungseinflusses in Vergleich gesetzt zu den ebenfalls den Außenlagen entnommenen, bei Zimmertemperatur getrockneten Garnlängen. Die in den einzelnen Schichten gemessenen Werte der Reißlänge und Reißdehnung wurden zur Ermittlung evtl. Unterschiede gegenübergestellt, ohne unmittelbar mit den Werten der zimmergetrockneten Garne (aus den Außenlagen) verglichen werden zu können.

Zur Feststellung der Einwirkung von verschiedenen Trocknungstemperaturen auf die Festigkeit und Dehnung von auf Spulen getrockneten Flachs- und Flachswerggarnen wurden von den 3 hierfür vorgesehenen Spulen vor der Trocknung etwa 50 m abgeweift. Diese Strähnchen trockneten an der Luft, die durchschnittlich eine Temperatur von etwa 18°C aufwies.

An diesen Strähnchen erfolgte nach genauer Nummerbestimmung die Reißung am Festigkeitsprüfer nach DIN 53 801 (500 mm Einspannlänge, jedoch 10 s Reißdauer), nachdem das Material mindestens 72 Stunden im klimatisierten Raum (20°C, 65 % rel. Luftfeuchte) ausgelegen hatte. - Von den im Trockenapparat getrockneten Spulen wurden 100 m von der äußeren Schicht (Ende des Fadens), also anschließend an die Garnlängen, die luftgetrocknet waren, abgeweift sowie vom Innern der Spule (Anfang des Fadens) auch 100 abgezogen. Nach mindestens 72 Stunden Auslage im Klimaraum erfolgten je 60 Reißversuche. Von 3 der insgesamt geprüften Spulen lagen in allen Fällen somit mindestens 3 x 60 = 180 Reißungen den daraus gebildeten Mittelwerten zugrunde, falls nicht Wiederholungen erforderlich waren.

Die Reißlängen der im Apparat getrockneten Garne (M_2) wurden mit den Werten der luftgetrockneten Garne (M_1) in Vergleich gesetzt und die Differenz ($M_1 - M_2$) auf den Wert der Reißlänge M_1 prozentual bezogen.

b) S p i n n k o p s

An dem Garn der Spinnkops wurden ebenfalls Festigkeits- und Dehnungsuntersuchungen vorgenommen. Vor dem Trocknen wurden den zwei für die Festigkeitsuntersuchungen vorgesehenen Spinnkops etwa 1oo m von der Kopspitze (Ende des Fadens) entnommen und die Garnstücke bei Zimmertemperatur luftgetrocknet. An den im Apparat getrockneten Garnen erfolgte die Festigkeitsprüfung in der Weise, daß jeweils 1oo m von der Kopspitze (Ende des Fadens) und des Kopfußes (Anfang des Fadens) entnommen wurden. Nach mindestens 72 Stunden Ausliegen im klimatisierten Raum erfolgten Festigkeitsprüfungen nach DIN 53 8o1, ebenso wie dies mit den an der Luft getrockneten Garnen geschah, wobei die Anzahl der Reißungen jeweils 6o betrug. Die Mittelwertangaben beruhen dementsprechend auf mindestens 2 x 6o Reissungen (je Kop). Auch hier wurden die Veränderungen der Gütewerte durch Vergleich mit den luftgetrockneten Garnstücken anhand der Garnlängen von der Kopspitze festgestellt und die Unterschiede auf die Werte des luftgetrockneten Vergleichsgarns bezogen. Die Eigenschaften der Garne von Anfang und Ende des Kop wurden einander gegenübergestellt.

c) S t a t i s t i s c h e   S i c h e r h e i t   b e i   d e r   B e u r t e i l u n g   d e r   V e r g l e i c h s e r g e b n i s s e

Für die Beurteilung der Vergleichsergebnisse zwischen den an der Luft getrockneten und im Apparat getrockneten Garnen sowie zwischen den vom Anfang und Ende der Spulen bzw. Kops entnommenen Garnen sind die natürliche Streuung der Versuchswerte und die Regeln der statistischen Mathematik zu beachten. Hierauf ist bereits in den Berichten I und II ausführlich eingegangen worden. Hier sei nur folgendes wiederholt:

Die natürliche Streuung der Untersuchungswerte verlangt, daß beim Vergleich der Resultate Klarheit darüber geschaffen wird, ob der experimentell bzw. rechnerisch festgestellte Unterschied ein _echter_ oder nur ein _zufälliger_ ist. Wenn somit in unserem Falle der Mittelwert der einzeln festgestellten Festigkeitswerte (Reißlängenwerte) aus einem der Trocknungsversuche dem Mittelwert der Festigkeit des luftgetrockneten

Vergleichsgarns gegenübergestellt wird, so muß Aufklärung darüber gegeben werden, ob die sich ergebende Differenz tatsächlich eine Schädigung zum Ausdruck bringt oder ob es sich um einen zufälligen Unterschied handelt, der bedingt ist durch die Schwankung der Versuchsergebnisse infolge der nun einmal vorhandenen Ungleichmäßigkeit des Prüfgutes bzw. infolge unvermeidlicher Versuchs- und Prüffehler.

Die Regeln der statistischen Mathematik geben hierzu eine ausreichende Möglichkeit, sofern sich die Mittelwerte als Untersuchungsergebnisse auf eine mehrfache Zahl von Einzelprüfungen stützen. Ist die Zahl der Einzelwerte sowie deren (quadratische) Streuung bekannt, so läßt sich feststellen, ob die Differenz der Mittelwerte einen statistisch gesicherten (99 und mehr % Sicherheit), einen zufälligen (weniger als 95 % Sicherheit) oder einen nur vermutlich sicheren (95-99 % Sicherheit) Unterschied darstellt.

Die Abwägung der gefundenen Garnfestigkeitsunterschiede auf ihre statistische Sicherheit ist im vorliegenden Fall möglich, da die Zahl der angeführten Reißungen, also der Einzelwerte, bekannt ist und die Streuung der letzteren errechnet werden kann. Es läßt sich dann eine bestimmte für den Vergleich der beiden Reihen charakteristische Zahl (Toleranzwert t) errechnen[5], die durch Vergleich mit statistischen Tabellen angibt, ob die statistische Sicherheit für einen echten Unterschied gegeben ist oder nicht. Diese Sicherheit ist um so größer, je höher der Wert t ist.

Die in der Fußnote [5] angegebene Errechnung des Toleranzwertes t für jeden

---

5.
$$t = \frac{M_1 - M_2}{s_d}$$

$$s_d = \sqrt{\frac{s_1^2 \cdot (n_1-1) + s_2^2 (n_2-1)}{n_1 + n_2 - 2}} \cdot \frac{n_1 + n_2}{n_1 \cdot n_2}$$

M_1 = Reißlängenmittelwert des luftgetrockneten Garns in km
M_2 = Reißlängenmittelwert des apparatgetrockneten Garns in km
s_1^2 = quadr. Streuung der Reißwerte bei luftgetr. Garn in %
s_2^2 = quadr. Streuung der Reißwerte bei apparatgetr. Garn in %
n_1 = Anzahl der Reißungen bei luftgetrocknetem Garn
n_2 = Anzahl der Reißungen bei apparatgetrocknetem Garn

Forschungsberichte des Wirtschafts- und Verkehrsministeriums Nordrhein Westfalen

Vergleichsfall läßt sich im Rahmen der vorliegenden Untersuchung erheblich vereinfachen, wenn die Streuung s für alle Garne, die in die Untersuchung einbezogen werden, als gleich, d.h. nicht von den Trocknungsverhältnissen beeinflußt, angesehen werden kann. Stichproben haben gezeigt, daß dieses zulässig ist, wenn man einen Maßstab anlegt, der zwar nicht für die Qualitätsbeurteilung, wohl aber für die hier behandelte Kontrolle der Untersuchungsergebnisse, bei der es sich mehr oder weniger nur um Größenordnungen handelt, ausreicht. Je höher diese Streuung der Festigkeitswerte angesetzt wird, umso sicherer sind die Entscheidungen hinsichtlich Echtheit der festgestellten Vergleichsunterschiede, was aus der Gleichung des Toleranzwertes t hervorgeht. Wie Prüfungen beider Garne ergaben, erscheint es so gesehen zulässig, daß mit einer quadratischen Streuung der Festigkeitswerte von 25 % gerechnet wird. (Diese entspricht einer bereits sehr unwahrscheinlich hohen (linearen) Ungleichmäßigkeit nach SOMMER von etwa 20 %). Erfahrungsgemäß kommt dieser angenommenen Streuung der absoluten Festigkeitswerte, wie sie am Reißapparat festgestellt werden, eine Streuung der zugehörigen Reißlängenwerte von rd. 20 % gleich.

Unter Annahme einer konstanten Streuung der Reißlängenwerte in Höhe von 20 % des Mittelwertes und unter Berücksichtigung der Zahl von Reißungen je Versuch können nach Einsetzen des Toleranzwertes t (aus den statistischen Tabellen für die jeweilige Anzahl Reißungen entnommen) und nach Umformung der Gleichung (vgl. Bericht I) für das prozentuale Verhältnis der Reißlängendifferenz ($M_1 - M_2$) zur Reißlänge M_1 (des luftgetrockneten Garns) Werte gefunden werden, deren Überschreiten bedeutet, daß eine Garnschädigung mit Sicherheit eingetreten ist.

Bei den Spinnspulen betrug in den meisten Fällen die Anzahl Festigkeitseinzelversuche sowohl bei den luftgetrockneten, als auch bei den apparatgetrockneten Garnen je Mittelwert 3 x 60 = 180. Bei den Kops waren 2 x 60 = 120 Reißungen je Mittelwert aufzuweisen. Nur in Einzelfällen, in denen sich Wiederholungsversuche notwendig erwiesen, waren es entsprechend 360 bzw. 240 Reißungen.

Unter Zugrundelegung dieser Einzelreißzahlen betragen die Mindestwerte für $\frac{M_1 - M_2}{M_1} \cdot 100$ unter Berücksichtigung einer statistischen Sicherheit S = 99,9 %,

Forschungsberichte des Wirtschafts- und Verkehrsministeriums Nordrhein Westfalen

bei jeweils 120 Reißungen 8,65 %,
bei jeweils 180 Reißungen 7,00 %,
bei jeweils 240 Reißungen 6,06 %,
bei jeweils 360 Reißungen 4,92 %.

III. Auswertung der Versuchsergebnisse

A. Trocknungskurven, Sorptionskurven und Gutstemperaturkurven von Flachs- und Flachswerggarnen in Spinnspulen und -kops bei verschiedenen Trocknungsbedingungen

Trocknungskurven, d.h. graphische Darstellungen des zeitlichen Trocknungsverlaufes, werden bekanntlich erhalten, indem die Werte des Feuchtigkeitsgehaltes im Garn über der Zeit vom Beginn der Trocknung bis zur Konstanz der Garnfeuchte (Restfeuchte) aufgetragen werden. Diese in den noch zu besprechenden Abbildungen gezeigten Kurven haben für Spinnspulen und Spinnkops im großen und ganzen den für sie typischen Verlauf, wonach nach einem verhältnismäßig steilen Abfall die Schaulinie langsam in eine Gerade der Restfeuchte übergeht.

Entgegen den im Bericht I gezeigten Trocknungskurven für Garne in Strähnform weisen jedoch die Trocknungskurven für Spinnspulen zu Beginn einen schwach gekrümmten Übergang zu dem steilen Kurventeil auf, wie dies auch bei den Trocknungskurven für Kreuzspulen (Bericht II) gut beobachtet werden konnte.

Besonders interessant für die Spinnspulen- und Spinnkopstrocknung ist der Verlauf der Feuchtigkeitsabnahme in den verschiedenen Radialschichten sowie Höhenschichten; wie beschrieben, waren von den ersteren 2, von den letzteren 3 zur Messung herangezogen worden. Nach der bereits geschilderten Meßart mittels Textometer konnte der Verlauf der Trocknung in den verschiedenen Schichten einer Spinnspule bzw. eines Spinnkop wohl erstmalig ermittelt werden.

Nachdem die prozentualen Feuchtigkeitswerte an den 5 Meßstellen aufgrund der Textometerablesungen den Eichkurven (Abb.2) entnommen worden waren, konnte der zeitliche Verlauf der Feuchtigkeitsabnahme für jede Schicht als Trocknungskurve aufgezeichnet werden. Dieses geschah zunächst für die zwei Radialschichten der Spinnspulen, wobei die Feuchtigkeitswerte der drei Höhenschichten gemittelt wurden. Abbildung 3 enthält für Flachs- und Flachswerggarn den Verlauf dieser Trocknungskurven bei 90°C und 7 % rel. Feuchte. (Es war bereits daraufhingewiesen worden, daß die Messungen in den verschiedenen Spulenschichten nur bei hoher Temperatur und geringer Feuchtigkeit vorgenommen werden konnten, da bei anderen Trocknungsluftzuständen die durchlaufende Beobachtung wegen der überaus langen Trocknungszeiten nicht durchführbar war. Es liegt jedoch klar auf der Hand, daß die Trocknungsvorgänge auch bei anderen Temperaturbereichen analog verlaufen).

Wie ersichtlich, liegt die Trocknungskurve der äußeren Schicht deutlich tiefer als die der inneren, d.h. die äußere Schicht trocknet wesentlich schneller. Während z.B. nach 120 min Trocknungszeit die Außenschicht nur noch etwa 10 % Feuchtigkeit aufweist, sind im Innern der Spule noch über 30 % bei Flachsgarn, ca. 35 % Feuchtigkeit beim Flachswerggarn vorhanden.

Diese Unterschiede waren zu erwarten, da der Trocknungsvorgang bei Spinnspulen von außen nach innen erfolgt.

Dies ist eine gegenteilige Erscheinung, verglichen mit der Kreuzspultrocknung; dort lag die Trocknungskurve der inneren Schicht tiefer als die der äußeren, weil die Trocknung infolge der hindurchströmenden Luft von innen nach außen erfolgt.

Bei den Spinnkops trat der Unterschied der Trocknungskurven außen - innen zwar deutlich in Erscheinung, doch ist er geringer als bei den Spinnspulen. Die Trocknungskurven der beiden Radialschichten bei ebenfalls 90°C und 7 % rel. Luftfeuchte - wobei die Meßergebnisse in den einzelnen Höhenschichten gemittelt wurden - sind in Abbildung 4 oben eingezeichnet. 120 min nach Beginn der Trocknung, zu einem Zeitpunkt also, in dem in beiden Fällen noch mit die größten Differenzen zwischen Außen- und Innenschicht auftreten, hatte die Außenschicht des Kop einen Feuchtigkeitsgehalt von etwa 15 %, die Innenschicht einen solchen von ca. 30 %, während die Spinnspulen, wie bereits beschrieben, bei Flachsgarn 10 bzw. 30 % aufwiesen. Das geringere Gefälle bei den Kops ist hauptsächlich dadurch zu erklären, daß die Hülse aus wärmeleitfähigem Metall besteht, zudem

Forschungsberichte des Wirtschafts- und Verkehrsministeriums Nordrhein Westfalen

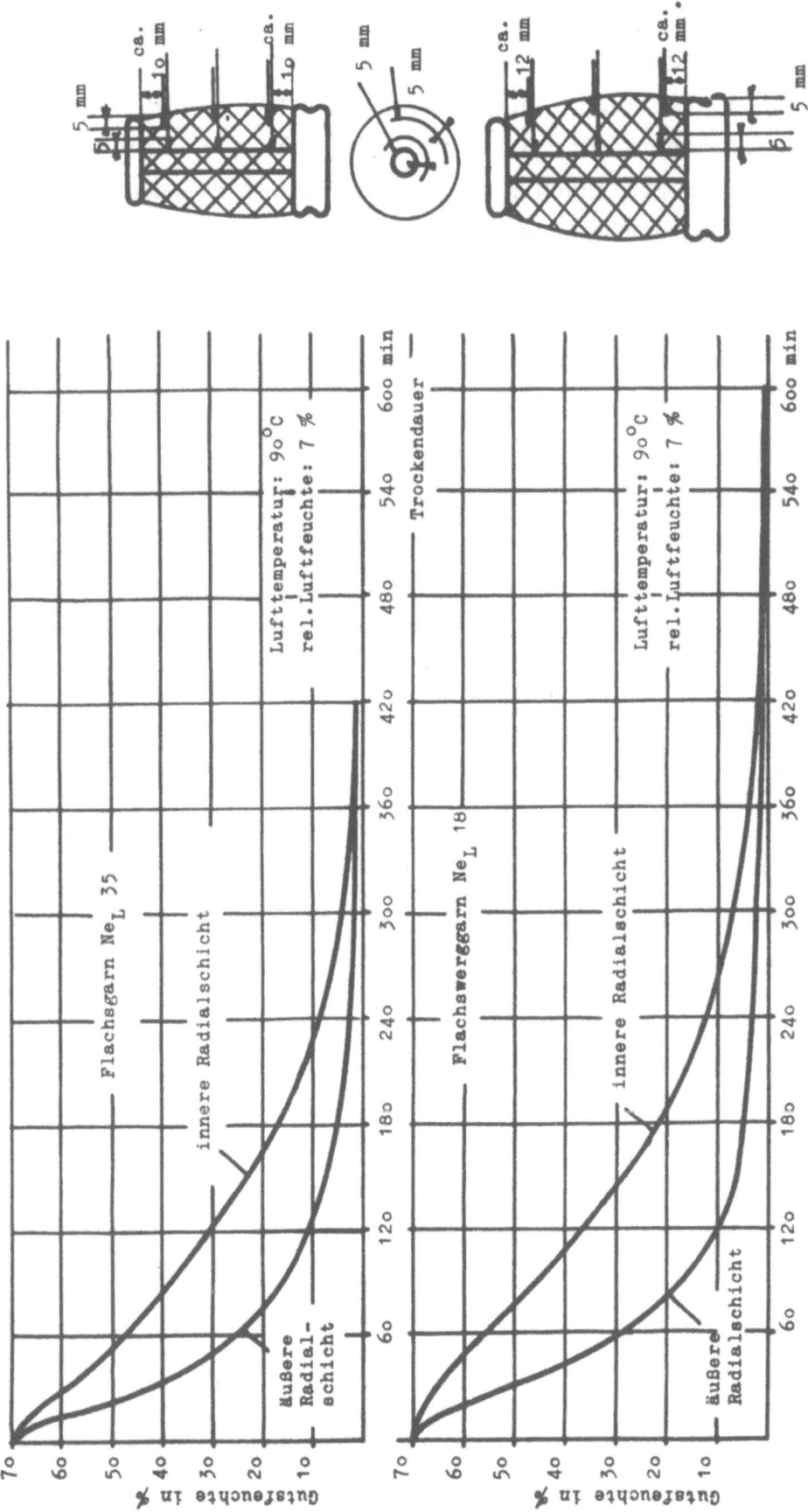

Abbildung 3
Trocknungskurven für Leinengarne

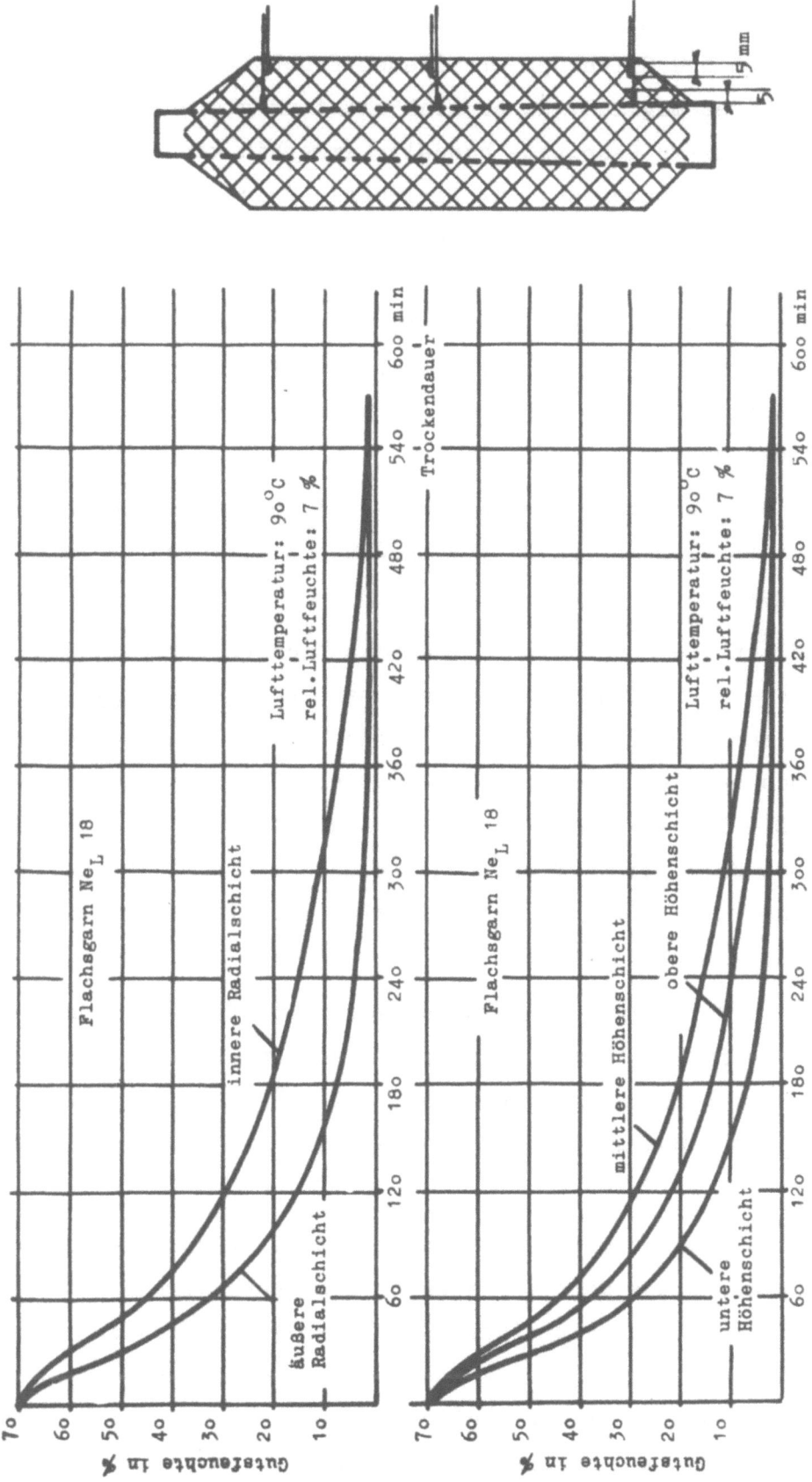

Abbildung 4
Trocknungskurven für Leinengarne

perforiert und oben geschlossen ist. Es tritt also auch eine Trocknungswirkung von innen her auf. Ein unmittelbarer Vergleich der bei den Versuchen mit Spinnspulen und Spinnkops erhaltenen Feuchtigkeitszahlen ist zwar nicht ohne weiteres möglich, da es sich nicht um gleiche, vor allem auch nicht um gleich starke Gespinste handelt. Immerhin können gewisse Gegenüberstellungen vorgenommen werden. Einleuchtend ist, daß infolge der größeren Garnmenge die Trocknung auf dem Kop langsamer ist. Die trotz der größeren Garnmenge gleiche Feuchtigkeit der Innenschicht, z.B. 120 min nach Trocknungsbeginn, kann auf die von innen her auftretende Trocknungswirkung zurückgeführt werden, die höhere Feuchtigkeit der Außenschicht auf das stärkere Nachdrücken des größeren Feuchtigkeitsreservoires aus dem Innern des Garnkörpers.

In den schematischen Zeichnungen der Abbildungen 3 und 4 ist die Lage der Elektrodennadelspitzen beim Messen in den beiden Radialschichten der Spulen bzw. der Kops gekennzeichnet.

Ebenso unterschiedlich wie innerhalb der Radialschichten verläuft die Trocknung der Garne auch in den 3 zur Messung herangezogenen <u>Höhenschichten</u>. Grundsätzlich kann dabei festgestellt werden, daß sowohl bei den Spinnspulen als auch bei den Spinnkops die mittlere Höhenschicht am langsamsten trocknet. Die Trocknung der oberen Schicht benötigt bei den Spinnspulen die geringste Zeit, die der unteren Schicht eine mittlere Zeit; bei den Spinnkops herrschen die entgegengesetzten Verhältnisse, d.h. der Kop trocknet oben langsamer als unten.

Abbildungen 4 unten und 5 zeigen den Trocknungsverlauf in den 3 Höhenschichten für Flachsgarn Ne_L 18 auf Kops bzw. Flachsgarn Ne_L 35 und Flachswerggarn Ne_L 18, beide auf Spinnspulen, bei 90°C und 7 % rel. Feuchte. In den Abbildungen 3 und 4 ist auch die Lage der Elektrodennadelspitzen wiedergegeben.

Beim <u>Kop</u> entspricht das langsamere Trocknen in mittlerer Höhe der dort konzentrierten Hauptmasse des Garns. Die beste Trocknungswirkung im unteren Teil des Kötzers wird hereingeführt durch das Auftreffen des Luftstromes von unten her auf den Kopansatz und die dadurch intensivere Wirkung an dieser Stelle. Zum relativ schnelleren Trocknen des oberen Kötzerteiles gegenüber der Mitte mag schließlich der sich oben befindliche offene Kegel der Wicklung und damit die Verringerung der Garnmasse beitragen, ebenso wie die auf gleiche Ursache zurückgehende größere Trocknungswirkung von innen.

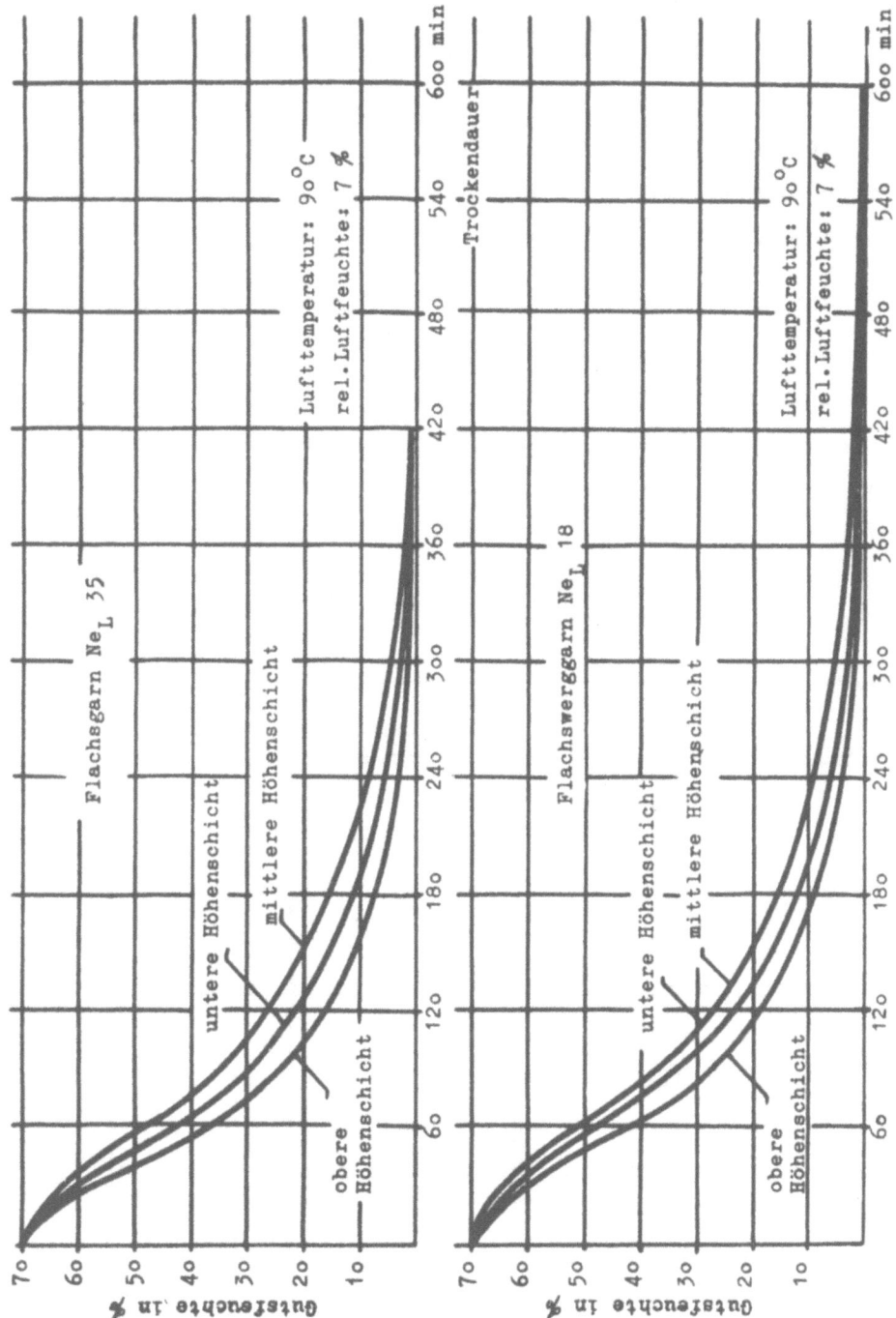

Abbildung 5
Trocknungskurven für Leinengarne

Bei den <u>Spinnspulen</u> wird die stärkere Wicklung in der Mitte der Spule zu einer langsameren Trocknung dieser Stelle beitragen. Dazu kommt, daß durch das Schrumpfen während der Trocknung des Garns ein freier Raum zwischen Garn und den Scheiben der Spulen entsteht, was zu einer schnelleren Trocknung der oberen und unteren Höhenschicht beiträgt. Die bessere Trocknungswirkung im oberen Teil, verglichen mit dem unteren, ist wiederum darauf zurückzuführen, daß die Wicklungsstärke oben geringer ist als unten; ausserdem mag hierzu eine ungünstige Abschirmung des unteren Spulenteiles durch den breiteren unteren Flansch beitragen.

Zur weiteren Veranschaulichung des Trocknungsvorganges innerhalb der verschiedenen Schichten seien in der folgenden Tabelle 1 für Spinnspulen (Flachs- und Flachswerggarn) Spinnkops (Flachsgarn) die Feuchtigkeitswerte an den 6 Meßstellen der Spule 120 min nach Beginn der Trocknung wiedergegeben (90°C, 7 % rel. Feuchte).

Tabelle 1

		Radialschicht	Innen	Außen
Spinnspulen	Flachsgarn	Höhenschicht		
		Oben	21	9
		Mitte	39	13
		Unten	34	11
	Flachswerggarn	Oben	28	8
		Mitte	46	10
		Unten	36	9
Spinnkops	Flachsgarn	Oben	28	16
		Mitte	38	22
		Unten	21	7

Aus dieser Gegenüberstellung geht nochmals hervor, daß in allen Fällen die mittlere Höhenschicht in der Trocknung am weitesten zurückliegt, während die untere und obere geringere Feuchtigkeiten aufweisen. Der bereits geschilderte Unterschied zwischen Spinnspulen und Spinnkops hinsichtlich ihrer Trocknungsgeschwindigkeit in den oberen und unteren Höhenschichten ist ebenfalls ersichtlich; bei den Spinnspulen trocknet die obere Höhenschicht, bei den Spinnkops die untere Höhenschicht schneller. Auch der höhere Feuchtigkeitsgehalt in der Außenschicht der Spinnkops, auf den bereits hingewiesen wurde, tritt deutlich in Erscheinung.

Nach Darstellung des Trocknungsverlaufes in den verschiedenen Schichten der Spinnspulen und Spinnkops wird im folgenden die Abhängigkeit der Trocknung von dem Zustand der Trocknungsluft behandelt. Die Kurven stellen den Trocknungsverlauf der mittleren Höhenschicht innen als Durchschnittsergebnis der Messungen je 3 Spinnspulen bzw. 2 Spinnkops dar.

In Abbildung 6 sind die Trocknungskurven für Flachs- und Flachswerggarn auf Spinnspulen bei einer konstanten Lufttemperatur von 70°C und verschieden hoher rel. Luftfeuchte (7, 30 und 60 %) wiedergegeben. Wie nicht anders zu erwarten, wird zur Trocknung des Garnes bei hoher rel. Feuchte eine längere Zeit benötigt als bei niedriger. Außerdem nimmt der Gehalt an Restfeuchtigkeit nach Abschluß der Trocknung zu. Während die Form der Trocknungskurve für das Flachswerggarn und Flachsgarn als etwa gleich angesprochen werden kann, unterscheiden sich beide in der Trocknungszeit. Das gröbere Werggarn bedarf bis zur Feuchtekonstanz einer längeren Zeit als das feinere Flachsgarn.

Die Trocknungskurven für die Spinnkops finden sich in Abbildung 7 oben. Hinsichtlich der Abhängigkeit von der Höhe der rel. Luftfeuchtigkeit gilt das gleiche wie bei den Spinnspulen. Die Kurvenform deckt sich etwa mit der des Flachsgarnes auf der Spinnspule, jedoch dauert die Trocknung - wie nicht anders zu erwarten - länger.

Die Trocknungskurven unterschiedlicher Trocknungslufttemperatur (50, 70, 90°C) bei konstanter rel. Luftfeuchte von etwa 7 % zeigt für die Spinnkops Abb. 7 unten, für die Spinnspulen Abbildung 8. Je höher die Temperatur der Trocknungsluft ist, desto kürzerer Zeit bedarf es, um die Spinnspulen bzw. Spinnkops auszutrocknen und desto geringer ist auch der Restfeuchtegehalt des Garnes. Auch hier kann festgestellt werden, daß in allen Fällen die Kurvenform etwa die gleiche ist, mit dem Unterschied, daß einmal bei den Spinnspulen je nach Garndicke die Trocknungsdauer verschieden lang ist, zum anderen auch das Garn auf dem Spinnkop eine längere Zeit zum Trocknen braucht als das Flachsgarn auf der Spinnspule.

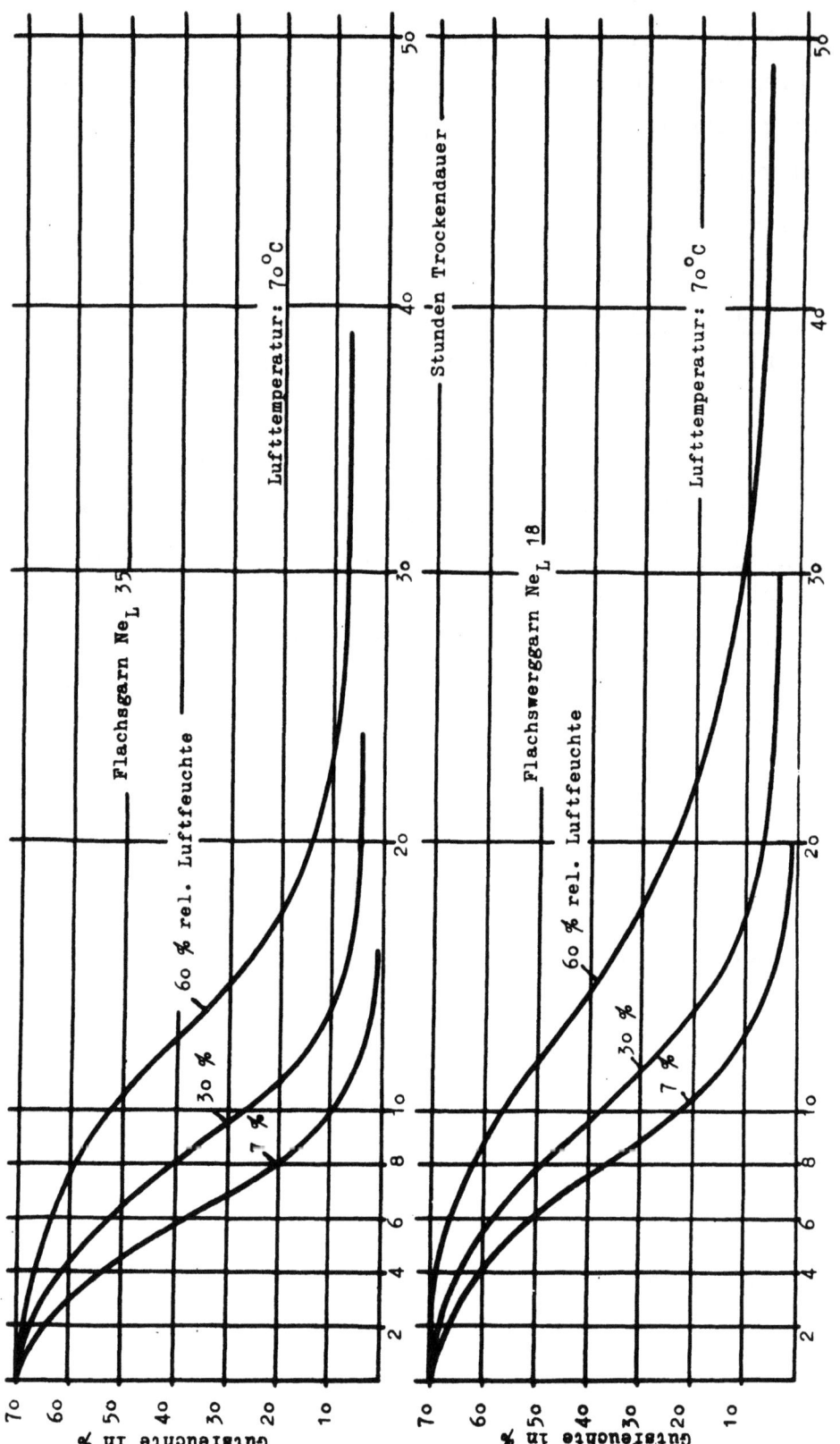

A b b i l d u n g 6
Trocknungskurven für Leinengarne

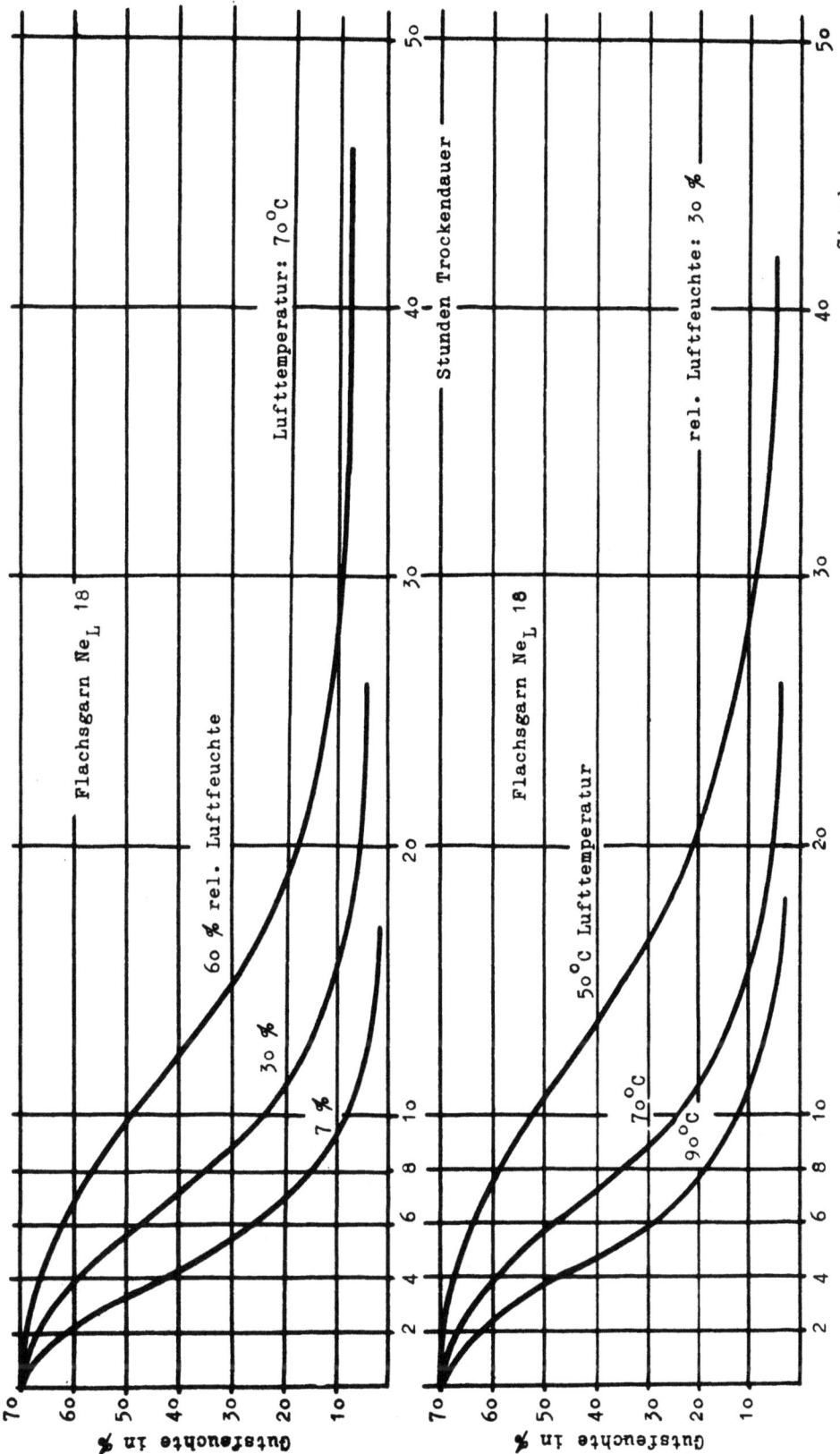

Abbildung 7
Trocknungskurven für Leinengarne

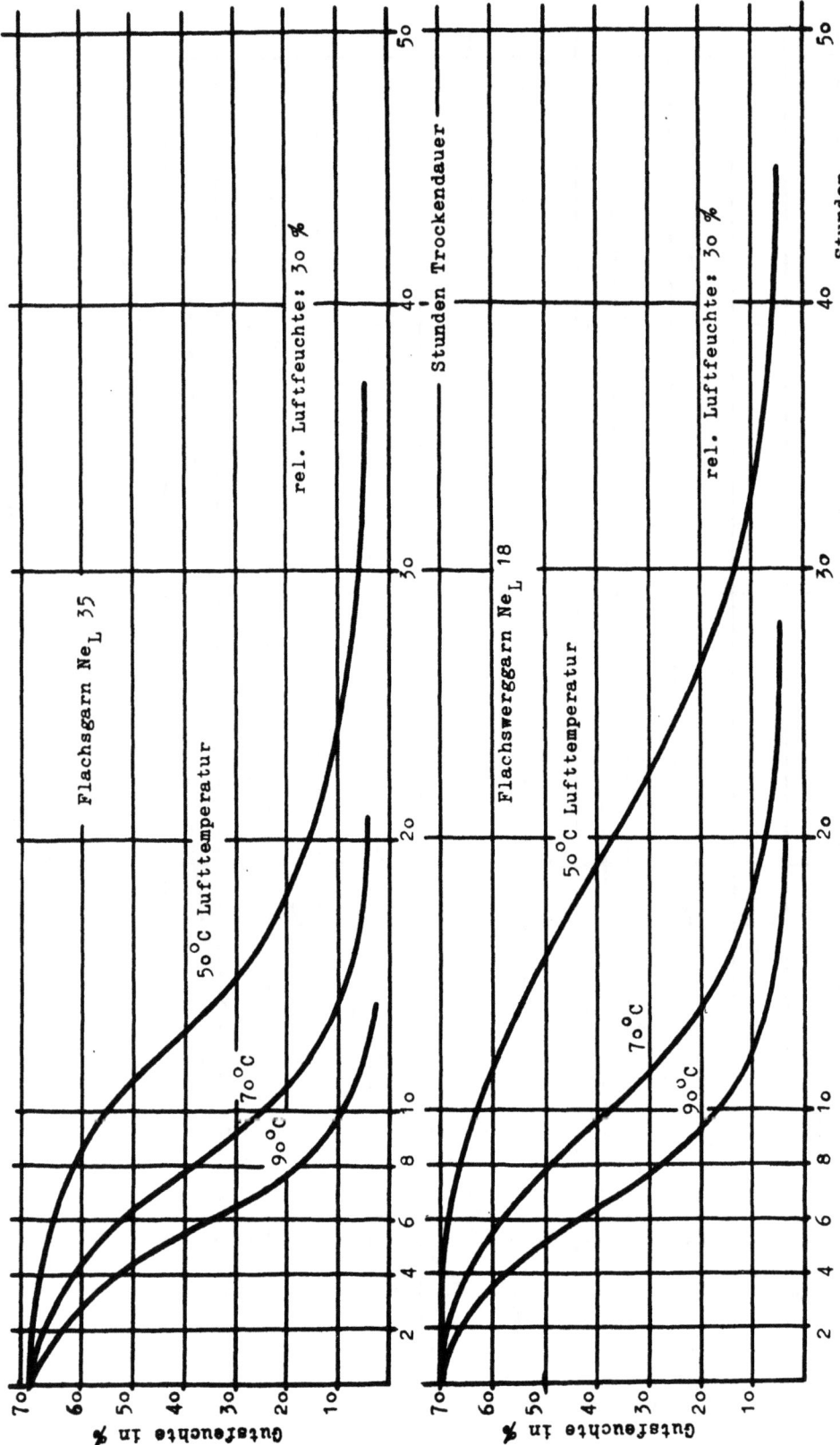

Abbildung 8
Trocknungskurven für Leinengarne

Forschungsberichte des Wirtschafts- und Verkehrsministeriums Nordrhein Westfalen

Diese Abhängigkeit der Trocknungsdauer und Restfeuchte von der Trocknungslufttemperatur ist auch für andere Feuchtigkeitszustände der Luft charakteristisch, so daß auf weitere Darstellungen verzichtet werden kann.

Um ein Bild über die verbleibende Restfeuchte im Garn sowie über die Trocknungsdauer bei unterschiedlichen Verhältnissen zu erhalten, sind in Tabelle 2 die Werte für den durch Konditionierung gefundenen Feuchtigkeitsgehalt nach Abschluß der Trocknung und für die Trocknungszeit bis zum Erreichen konstanter Restfeuchte für Spinnspulen (Flachs- und Flachswerggarn) und Spinnkops (Flachsgarn) zusammengestellt. Die geschilderten Abhängigkeiten sind durch die Zahlen der Tabelle gekennzeichnet.

T a b e l l e   2

Restfeuchte f und annähernde Trocknungsdauer t [6] für Garne auf Spinnspulen und Spinnkops bei unterschiedlichen Zuständen der Trocknungsluft

Trocknungsluftzust.		Spinnspulen				Spinnkops	
Lufttemperatur °C	rel. Luftfeuchte %	Flachsgarn Ne_L 35		Werggarn Ne_L 18		Flachsgarn Ne_L 18	
		f (%)	t (Std)	f (%)	t (Std)	f (%)	t (Std)
50	7	2,5	23	2,4	28	2,4	24
	30	4,9	37	5,1	45	5,0	42
70	7	1,0	15	1,1	20	1,5	17
	30	4,2	24	4,0	30	4,0	26
	60	7,0	39	6,9	49	7,0	46
90	7	1,0	7	0,6	10	1,0	9
	30	2,6	14,5	3,7	20	3,0	18

Die zugehörige graphische Darstellung ist in Abbildung 9 wiedergegeben, worin einmal die prozentuale Restfeuchte, zum anderen die Trockendauer in Stunden über der rel. Luftfeuchte aufgetragen sind.

---

6. bei einer Anfangsfeuchtigkeit der Garne von 70 %.

Forschungsberichte des Wirtschafts- und Verkehrsministeriums Nordrhein Westfalen

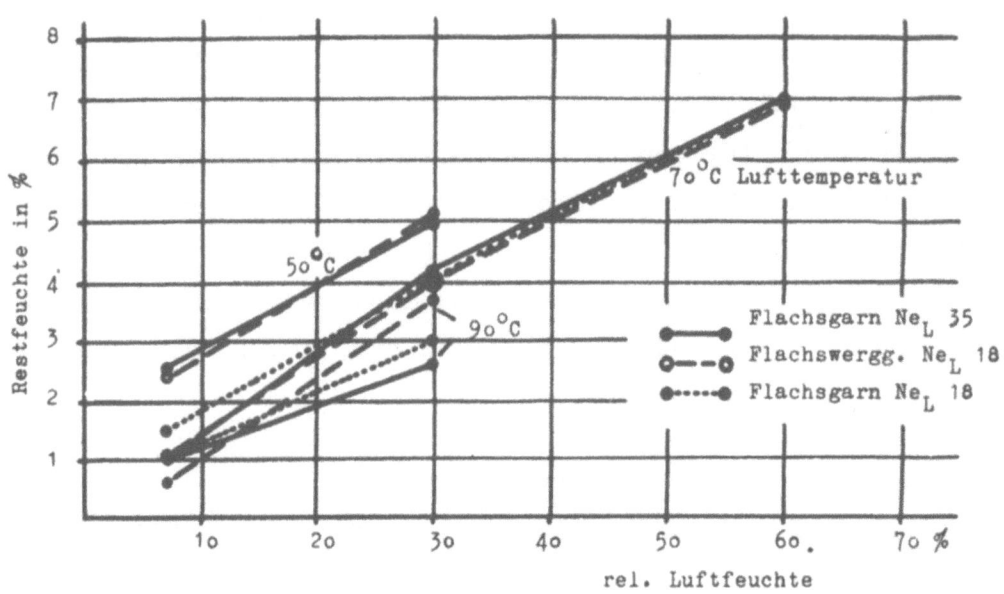

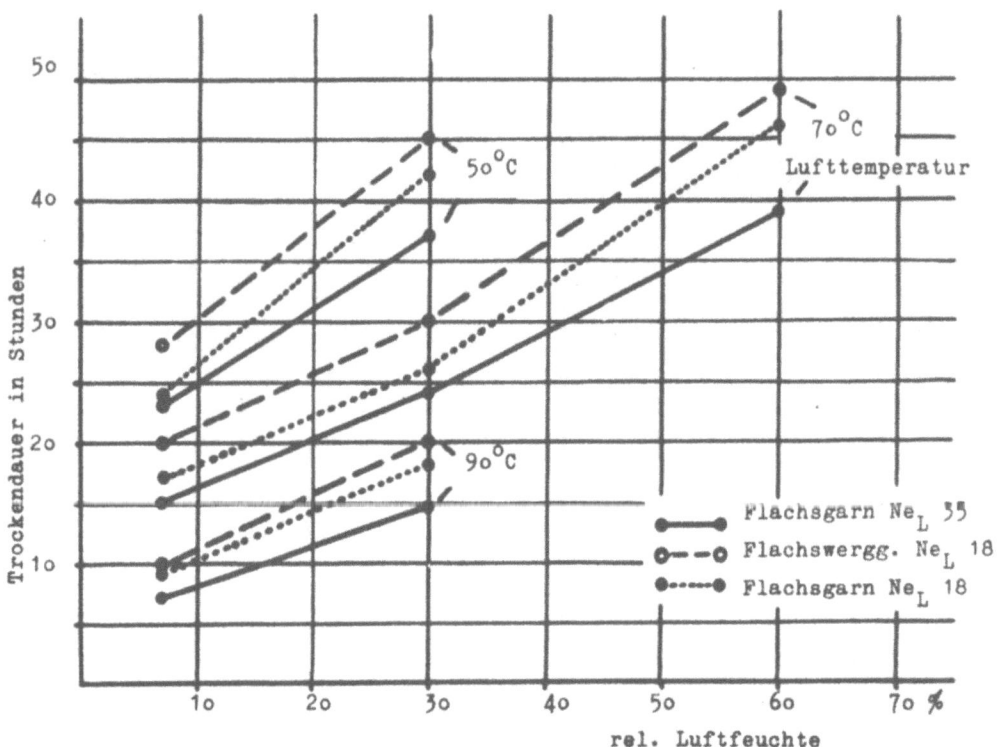

A b b i l d u n g   9

Trocknung von Leinengarnen   Restfeuchte und Trockendauer

Forschungsberichte des Wirtschafts- und Verkehrsministeriums Nordrhein Westfalen

Aus den Werten für die Restfeuchte können die Sorptionskurven (Desorptionskurven) entwickelt werden, d.h. Gleichgewichtskurven zwischen Gutsfeuchte und Feuchtigkeit der umgebenden Luft. Sie werden durch Auftragen des jeweils erhaltenen Restfeuchtegehaltes des Garnes über der zugehörigen rel. Luftfeuchte erhalten. Derartige Sorptionskurven waren bereits bei den Versuchen mit Stranggarnen und Kreuzspulen (Berichte I und II) entwickelt worden. Die bei den vorliegenden Versuchen mit Spinnspulen und Spinnkops gefundenen Werte fügen sich gut in diese Kurven ein. Abbildung 10 und 11 zeigen diese Desorptionskurven[7] für Flachs- und Flachswerggarn.

Durch Auswertung der Trocknungskurven lassen sich bei Bekanntsein der Sättigungsfeuchte (Materialfeuchte bei 100 % rel. Luftfeuchte aus den Sorptionskurven) Gutstemperaturkurven aufstellen, d.h. solche Kurven, die über den inneren Wärmezustand des Garnes während der Trocknung eine Aussage machen[8].

Der Trocknungsvorgang zeigt 3 charakteristische Trocknungsabschnitte.

1. Solange die Gutsfeuchte größer ist als die Sättigungsfeuchte des Garns, ist die Gutstemperatur konstant und liegt unterhalb der Trocknungslufttemperatur, und zwar desto tiefer, je geringer die rel. Feuchte und Temperatur der Trocknungsluft sind.

2. Bewegt sich die Gutsfeuchte zwischen Sättigungsfeuchte und dem Gleichgewichtszustand mit der Luftfeuchte, steigt die Gutstemperatur an, bleibt jedoch unter der Trocknungslufttemperatur.

3. Hat die Gutsfeuchte den Gleichgewichtszustand mit der rel. Luftfeuchte erreicht, ist die Gutstemperatur gleich der Trocknungslufttemperatur; der Trocknungsvorgang hat sein Ende erreicht.

---

7. Desorption = Feuchtigkeitsabgabe; Adsorption = Feuchtigkeitsaufnahme. Desorptionskurven werden erhalten, wenn der jeweilige Gleichgewichtszustand zwischen Material- und Luftfeuchte auf dem Wege der Trocknung, nicht durch Befeuchtung (Adsorptionskurven), ermittelt wird.

8. Die Technik dieser Auswertung verdanken wir Dipl.-Ing. FOURNE, der diese u.W. erstmalig angegeben hat. Inzwischen sind weitere Veröffentlichungen über diesen Komplex in Melliand Textilber. 34 (1953), S. 222-233, 346-348, 452, 545-548 von VITS, H. (Tafel zur Bestimmung von Dampf-Luftgemischzuständen in Trocknern) erschienen.

Im ersten Abschnitt ist der Sättigungszustand des Materials noch nicht unterschritten, was, den Sorptionskurven bei Leinengarnen entsprechend, so viel bedeutet, daß die Gutsfeuchte je nach Temperatur über 25-28 % bei Flachsgarn bzw. 27-30 % bei Flachswerggarnen liegt. In diesem Abschnitt der Trocknung hat die L u f t g r e n z s c h i c h t an der Oberfläche des Garns infolge dauernder Wasserabgabe durch das Garn eine rel. Luftfeuchtigkeit von 1oo %. Dieser Feuchtigkeitszustand der das Garn unmittelbar umgebenden Luftschicht bewirkt eine Temperatur, die niedriger ist als die der umgebenden Trocknungsluft, deren Feuchtigkeit unter 1oo % liegt. Dementsprechend ist auch die Gutstemperatur in diesem Abschnitt der Trocknungsluft geringer als die der angewandten Trocknungsluft (Kühlwirkung bei Verdunstung), jedoch nicht unabhängig von der rel. Luftfeuchte der letzteren. Je höher diese ist, umso mehr sie sich also der Feuchtigkeit der G r e n z s c h i c h t (1oo %) nähert, desto geringer ist die Verdunstung in der Zeiteinheit und desto mehr gleicht sich die Gutstemperatur der Trocknungstemperatur an. Bei 1oo % Luftfeuchtigkeit würde die Gutstemperatur die Temperatur der Trocknungsluft erreichen.

Der dritte Abschnitt der Trocknung beginnt, wenn unter Berücksichtigung der Zustandsgrößen der Trocknungsluft der Gleichgewichtszustand gemäß der Sorptionskurve eingetreten ist, z.B. für Flachsgarn bei 3o % rel. Luftfeuchtigkeit und $70^{o}C$ bei einer Gutsfeuchte von etwa 4 %. In diesem Abschnitt der Trocknung, die eigentlich bei seinem Erreichen schon beendet ist, ist die Gutstemperatur naturgemäß gleich jener der Trocknungsluft.

Der zweite Abschnitt der Trocknung stellt den Übergang zwischen den beiden vorgeschilderten Zuständen des Gutes hinsichtlich seiner Temperatur dar. Diese bewegt sich noch unterhalb jener der Trocknungsluft und verläuft je nach der rel. Luftfeuchtigkeit der Trocknungsluft verschieden.

Nachdem aus den Trocknungskurven für jeden Zeitpunkt des Trocknungsverlaufes die Materialfeuchte bekannt ist und andererseits auch die Gleichgewichtsverhältnisse zwischen Material und Luftfeuchtigkeit durch die Sorptionskurven aufgedeckt sind, ist es mit Hilfe der Tabellen und Tafeln der Wärmelehre, insbesondere des "MOLLIER'schen ix-Diagramms für feuchte Luft" möglich, in jedem Zeitpunkt der 3 vorerwähnten Trocknungsabschnitte die Gutstemperatur zu ermitteln. Auf das Verfahren sei hier nicht näher eingegangen.

Forschungsberichte des Wirtschafts- und Verkehrsministeriums Nordrhein Westfalen

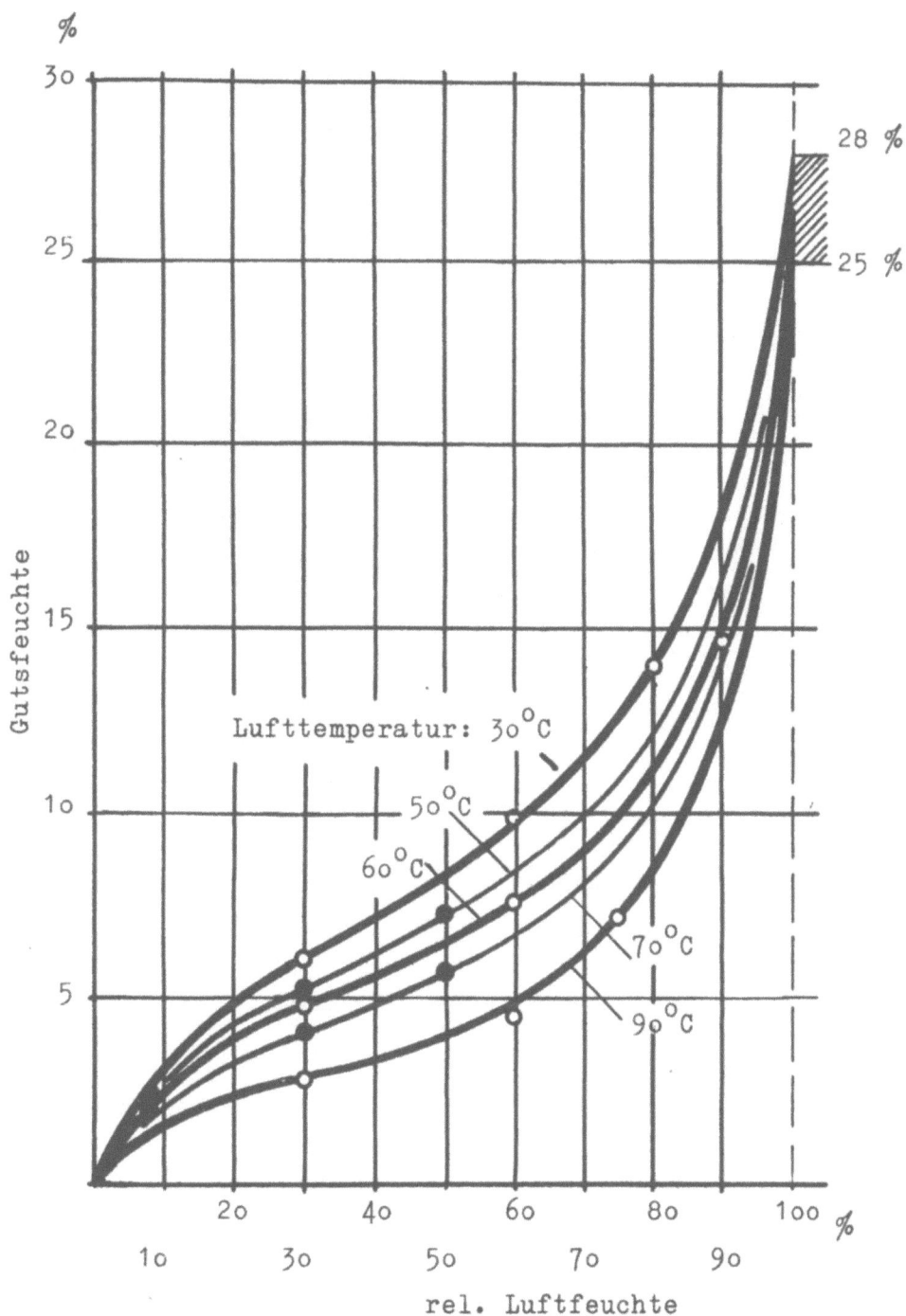

A b b i l d u n g 1o

Desorptionskurven für Flachsgarn Ne_L 35

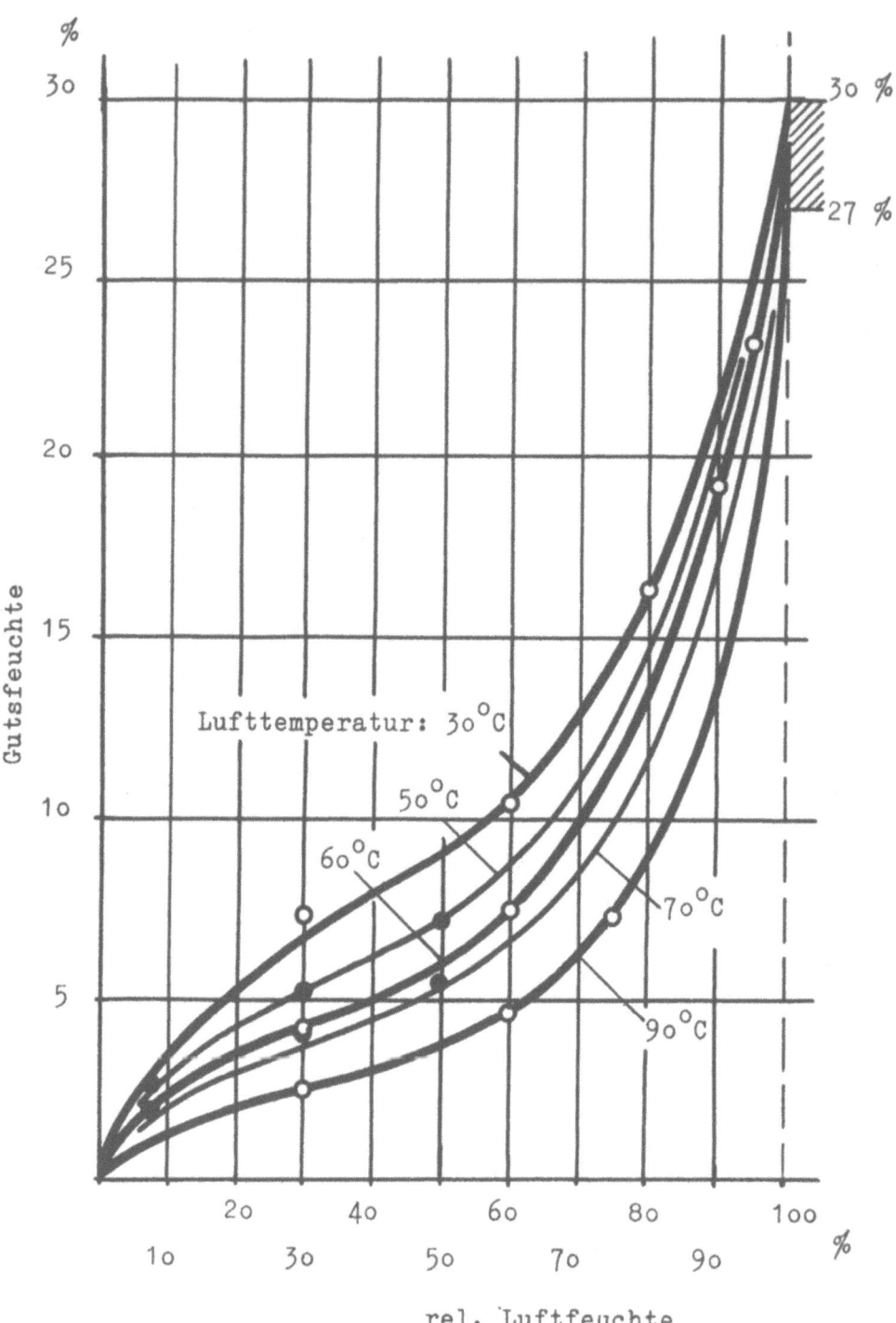

A b b i l d u n g 11
Desorptionskurven für Flachswerggarn Ne_L 18

Forschungsberichte des Wirtschafts- und Verkehrsministeriums Nordrhein Westfalen

Die dargestellten Verhältnisse gelten in ihrer genauen Auslegung nur für Einzelfäden, die sich in einem gewissen Abstand voneinander befinden, da nur in diesem Falle die Feuchtigkeitszustände um den Faden als gleichmäßig angesehen werden können. Bei näher beieinanderliegenden bzw. sich überkreuzenden Fäden ist die durch die Wasserabgabe der Fäden bedingte Feuchte der sie umgebenden Luftschicht nicht mehr genau definiert, so daß die Gesetze für die Beziehung zwischen Gutsfeuchte und -temperatur nur noch annähernd gelten. Infolgedessen können die Gutstemperaturkurven für die auf Spinnspulen und Spinnkops gewundenen Garne, die aufgrund von theoretischen Beziehungen zwischen Feuchtigkeit und Temperatur ermittelt werden, nur ungefähr den Verlauf der Temperatur innerhalb des Garnes während der Trocknung kennzeichnen.

Der Verlauf der Gutstemperatur bei konstanter Temperatur der Trocknungsluft (70°C) und verschiedener rel. Luftfeuchte (7, 30, 60 %) ist aus Abbildung 12 für Spinnspulen, aus Abbildung 13 oben für Spinnkops zu ersehen.

Je niedriger die Luftfeuchte ist, desto schneller geht die Trocknung vor sich und desto kürzer ist demgemäß auch die Strecke konstanter Gutstemperatur. Diese Geraden der konstanten Gutstemperatur laufen je nach der Höhe der rel. Luftfeuchtigkeit der Trocknungsluft im deutlichen Abstand voneinander. Je höher die rel. Feuchte der Trocknungsluft ist, desto höher ist - wie bereits auseinandergesetzt - auch die Gutstemperatur vor Unterschreiten des Sättigungspunktes. Anschließend folgt die Zone der steigenden Gutstemperatur, die ebenfalls desto kürzer ist, je niedriger die rel. Luftfeuchte, bis schließlich der Abschluß der Trocknung eintritt, wenn die Gutsfeuchte bis zu dem aus den Sorptionskurven ersichtlichen Gleichgewichtszustand mit der umgebenden Luftfeuchtigkeit abgesunken ist und die Gutstemperatur die Höhe der Lufttemperatur (70°C) erreicht.

Die Form des Gutstemperaturverlaufes kann in allen Fällen als gleichartig angesprochen werden. Allerdings sind zeitliche Verschiebungen vorhanden, wobei das stärkere Werggarn auf Spinnspulen jeweils längere Zeiten als das Flachsgarn und letzteres kürzere Zeiten als das Flachsgarn auf Spinnkops braucht, eine Tendenz, die natürlicherweise dem bereits besprochenen Verlauf der Trocknungskurven entspricht.

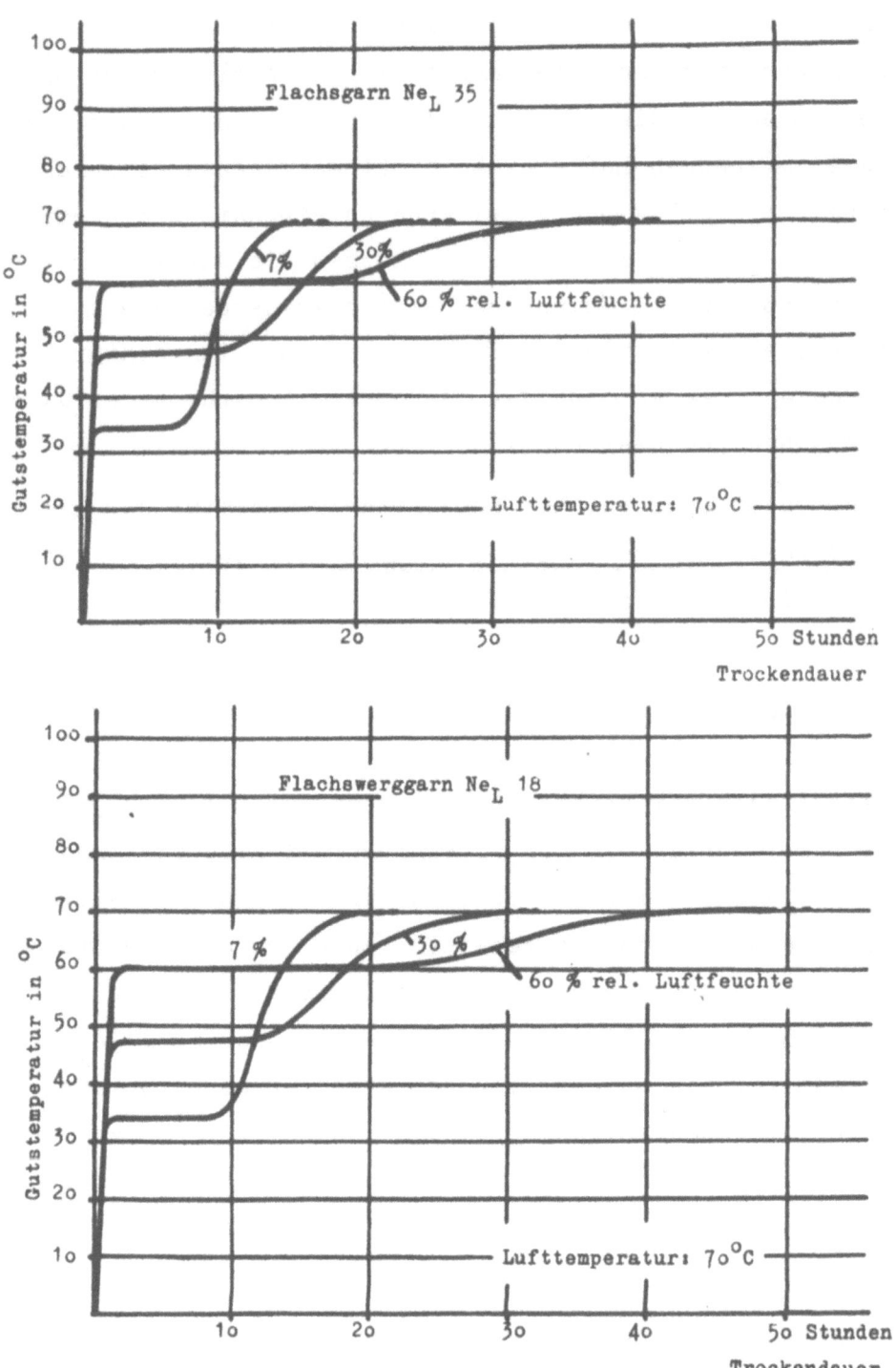

Abbildung 12
Trocknung von Leinengarnen   Gutstemperaturkurven

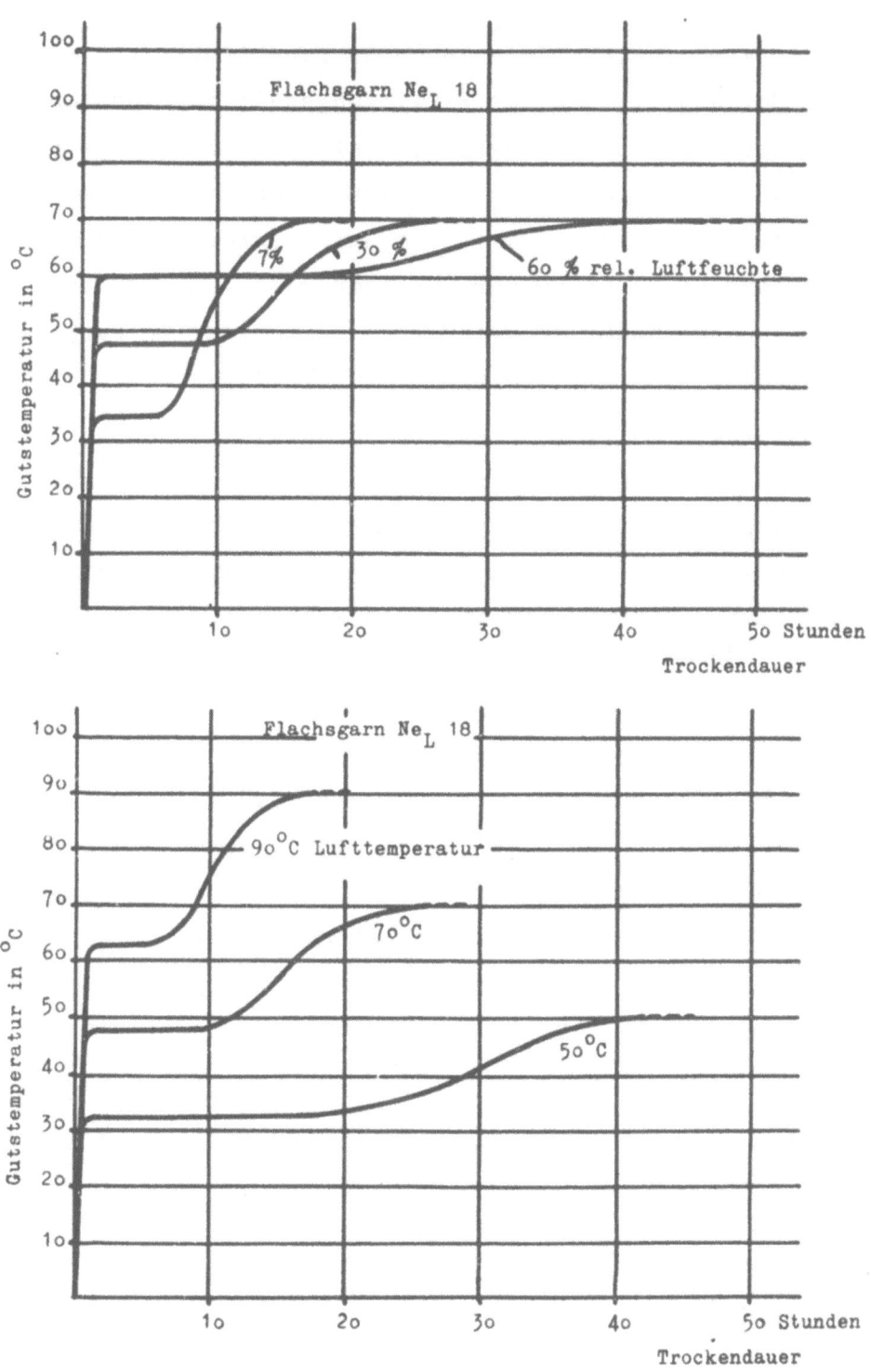

A b b i l d u n g 13

Trocknung von Leinengarnen   Gutstemperaturkurven

Die Gutstemperaturkurven für Spinnkops und Spinnspulen bei konstanter rel. Luftfeuchtigkeit (7 %) und verschiedener Trocknungslufttemperatur (50, 70 und 90°C) sind in Abbildung 13 unten bzw. Abbildung 14 wiedergegeben. In jedem Falle gilt, daß die Einwirkungszeit der konstanten Gutstemperatur oberhalb der Sättigungsgrenze desto kürzer ist, je höher die Trocknungstemperatur ist. Letztere beeinflußt auch direkt die Höhe der Gutstemperatur. Wenn die Feuchtigkeit des Garns unter den Sättigungspunkt fällt, beginnt der Anstieg der Gutstemperatur, die am Ende des Trocknungsvorganges bei hoher Trocknungslufttemperatur in kürzerer, bei niedriger in längerer Zeit die Temperatur der Trocknungsluft erreicht.

Ferner wurden Gutstemperaturkurven der beiden Radialschichten bei einer Lufttemperatur von 90° C und einer rel. Luftfeuchte von 7 % aufgestellt, die für die Spinnspulen in Abbildung 15, für die Spinnkops in Abbildung 16 wiedergegeben sind. Nach Einbringen in die Trockenkammer steigt die Gutstemperatur in beiden Schichten bis zu einem konstanten Wert an, der im vorliegenden Fall 45,5°C beträgt und unverändert bleibt, solange die Feuchtigkeit der Garne über dem Sättigungspunkt liegt. Da der Zeitpunkt verschieden ist, zu welchem das Garn in der inneren und äußeren Radialschicht den Sättigungspunkt (Flachs 26,5 %, Flachswerg 28,5 %) unterschreitet, sind die Zeiten für Beginn und Ende des zweiten Trocknungsabschnittes, d. h. Anfang des Temperaturanstieges und Erreichen der Trocknungstemperatur (90°C) unterschiedlich; es ergibt sich folgendes Bild:

	Anfang des Anstieges der Gutstemperatur min ab Beginn der Trocknung	Erreichen der Trocknungstemperatur 90°C min ab Beginn der Trocknung
Spinnspulen Flachs		
Außen	60	300
Innen	130	420
Spinnspulen Flachswerg		
Außen	60	360
Innen	150	600
Spinnkops Flachs		
Außen	75	360
Innen	125	570

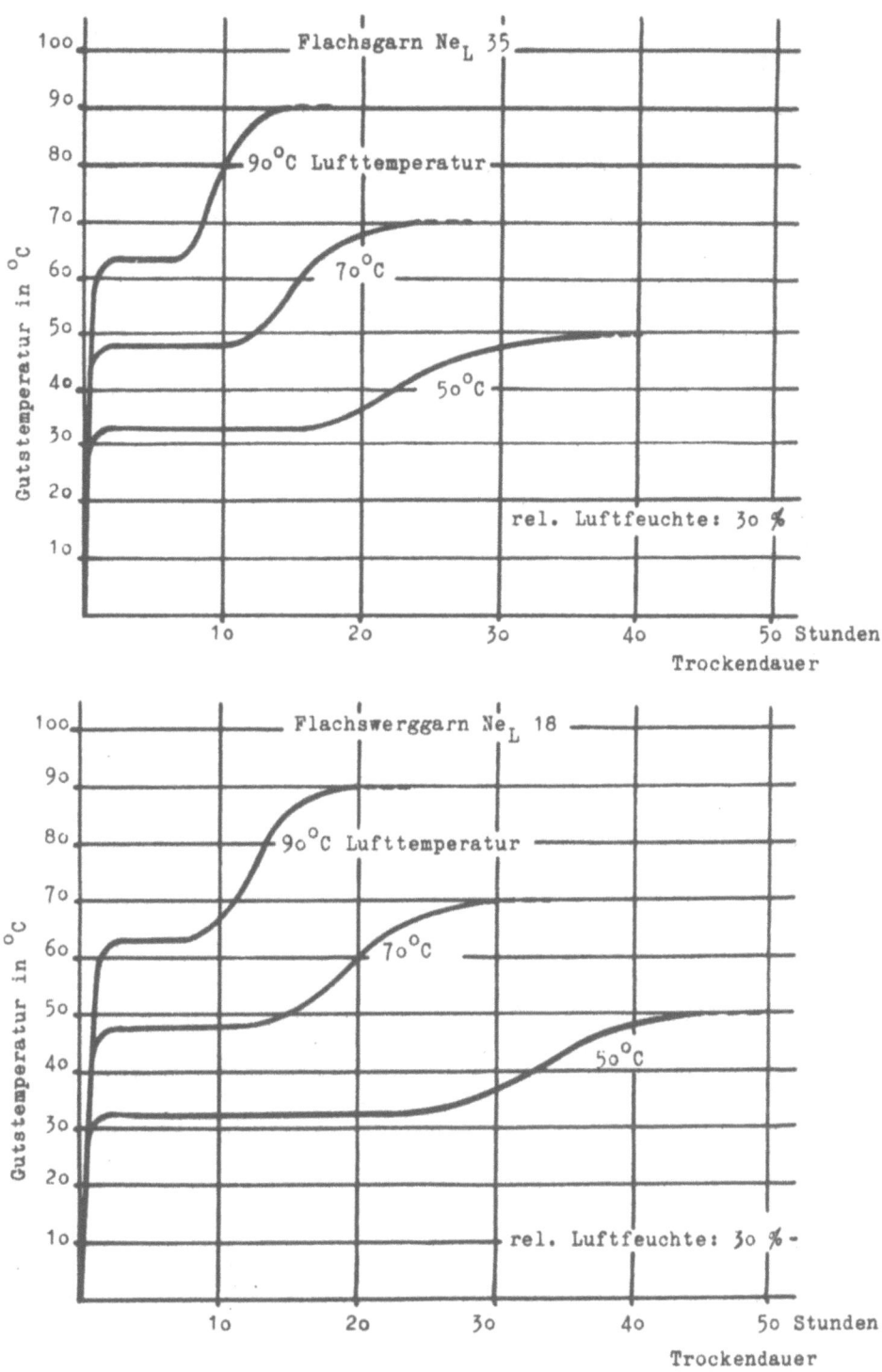

Abbildung 14
Trocknung von Leinengarnen   Gutstemperaturkurven

Forschungsberichte des Wirtschafts- und Verkehrsministeriums Nordrhein Westfalen

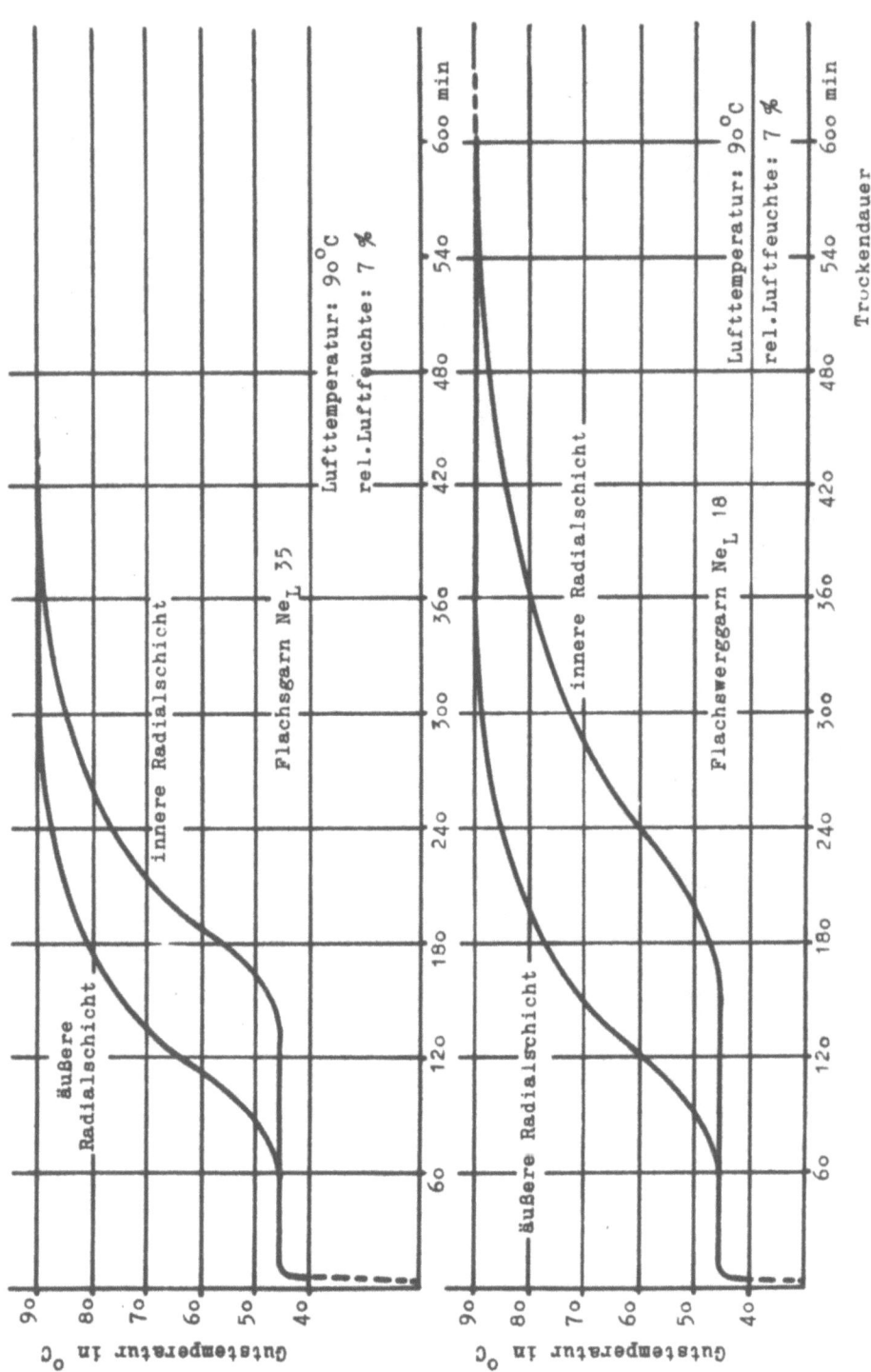

A b b i l d u n g 15

Trocknung von Leinengarnen   Gutstemperaturkurven

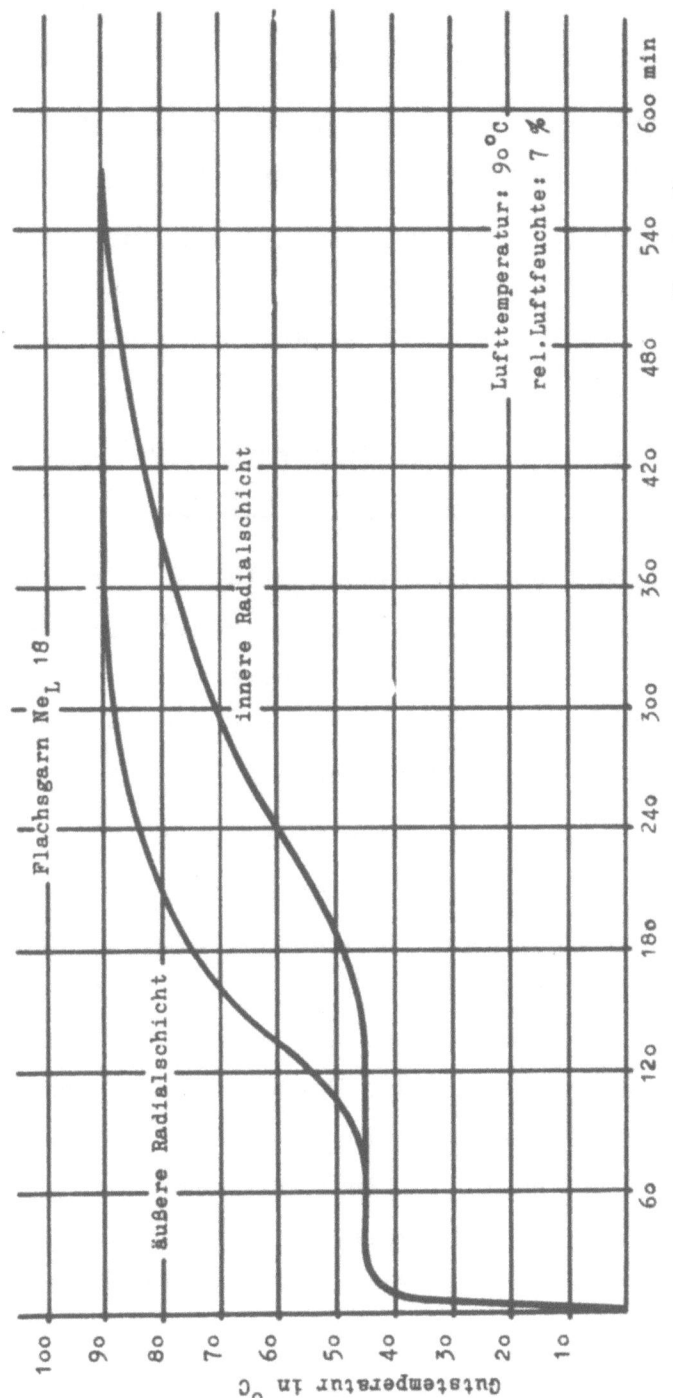

Abbildung 16

Trocknung von Leinengarnen   Gutstemperaturkurven

Forschungsberichte des Wirtschafts- und Verkehrsministeriums Nordrhein Westfalen

In Übereinstimmung mit dem unterschiedlichen Verlauf der Trocknungskurven für die 2 Radialschichten wird aus den Abbildungen sowie den aufgeführten Zahlenwerten ersichtlich, zu welch verschiedenen Zeitpunkten - außen eher, innen später - das Garn innerhalb der Spinnspulen die Temperatur der Trocknungsluft erreicht und damit zum Abschluß der Trocknung kommt.

Wie bereits geschildert, bestehen außerdem Unterschiede in der Trocknungsdauer zwischen den verschiedenen Garnarten sowie zwischen Spulen und Kops.

Gegenüber den bisherigen nur allgemeinen Vorstellungen konnte durch die oben wiedergegebene Darstellung der Trocknungsverlauf des nassen Garnes auf Spinnspulen und Spinnkops wohl erstmalig veranschaulicht werden.

B. Einfluß der verschiedenen Trocknungsluftzustände auf die Festigkeit von Flachs- und Flachswerggarnen

Die Einwirkung von Trocknungsluft auf die Garnqualität sollte - wie bereits erläutert - dadurch ermittelt werden, daß die Festigkeitswerte der im Apparat getrockneten Garne denen bei Zimmertemperatur an der Luft getrockneter Garne gegenübergestellt werden. Über die Entnahme der Proben für die Prüfung ist in Abschnitt II, C, 4 berichtet.

Zunächst wurde untersucht, ob Unterschiede der Festigkeit innerhalb der verschiedenen Schichten der Spinnspulen auftraten. Garnproben aus den 2 Radialschichten wurden auf ihre Festigkeit hin nach Ausliegen im klimatisierten Raum geprüft. Hierbei erfolgten je Versuch von 3 Spulen je 60 Reißungen. Die ermittelten Reißlängen (km) wurden einander gegenübergestellt und die Werte der Außenschicht auf die Werte der Innenschicht prozentual bezogen. Die Ergebnisse finden sich in Tabelle 3. In dieser sind in Spalte a die Temperatur in ^{o}C und in Spalte b die rel. Feuchte der Trocknungsluft, in Spalte c die Entnahmestelle der Garnprobe, in Spalte d die absoluten Reißlängenwerte (km) und in Spalte e die Bezugswerte der Außenschicht zur Innenschicht (=100) wiedergegeben. - Die Untersuchungen beschränkten sich auf die Temperaturbereiche 70 und 90°C.

Selbst bei den herangezogenen höheren Temperaturen kann eine gleichbleibende Tendenz hinsichtlich eines Festigkeitsunterschiedes zwischen Außen- und Innenschicht nicht beobachtet werden. Die absoluten und relativen Werte schwanken, ohne daß eine ausreichende statistische Sicherheit für eine ausgesprochene Tendenz vorhanden ist, also offensichtlich dem Zufall entsprechend.

Tabelle 3

Unterschiede der Reißlängen zwischen Fadenanfang (innen) und Fadenende (aussen) von Spinnspulen

	a Temp. °C	b rel. L-F. %	c Probeentnahme	d Reißlänge km	e Reißlänge bezog. auf Innensch.
Flachsgarn Ne$_L$ 35	70	7	Innen Außen	20,7 21,3	(100) 103,0
		30	Innen Außen	19,7 18,5	(100) 93,8
		60	Innen Außen	18,1 17,8	(100) 98,3
	90	7	Innen Außen	18,5 19,4	(100) 104,9
		30	Innen Außen	17,4 18,1	(100) 104,0
Flachswerggarn Ne$_L$ 18	70	7	Innen Außen	15,4 15,9	(100) 103,3
		30	Innen Außen	13,5 14,4	(100) 106,8
		60	Innen Außen	14,9 13,1	(100) 92,8
	90	7	Innen Außen	13,6 13,9	(100) 102,2
		30	Innen Außen	14,2 15,7	(100) 110,7

An sich wäre zu erwarten gewesen, daß die Außenschichten einen stärkeren Festigkeitsabfall zeigen würden, da diese der Trocknungslufttemperatur länger ausgesetzt sind, als dies bei den Innenschichten der Fall war. Gemäß den Darlegungen in Abschnitt III, A erreicht die Gutstemperatur die Höhe der Trocknungslufttemperatur in der Außenschicht eher, so daß hierdurch eine stärkere Auswirkung auf die Festigkeit zu befürchten war. Die Untersuchungen haben diese Annahme nicht zu bestätigen vermocht.

Obgleich die Festigkeitswerte der beiden Spulenschichten keine Unterschiede von ausgesprochener Tendenz zeigten, erfolgte der Vergleich zwischen den an der Luft und den im Apparat getrockneten Garnen in den folgenden Fällen, in denen die Abhängigkeit der Reißlängenverluste von der rel. Feuchtigkeit und Temperatur der Trocknungsluft überprüft werden sollte, nur an den Garnproben aus den Außenschichten, denen auch vor der Trocknung die Proben für die mit Zimmertemperatur vorzunehmende Lufttrocknung entnommen waren.

Die Ergebnisse sind in Tabelle 4 für Flachsgarn und Flachswerggarn wiedergegeben. Sie stellen in der Mehrzahl Mittel aus je 60 Reißungen an 3 Spulen (= 180 Reißungen), in einigen Fällen, in denen eine Wiederholung der Versuche angebracht erschien, das Mittel aus je 360 Reißungen dar.

In dieser Tabelle sind in Rubrik a die mittleren Reißlängenwerte der an der Luft getrockneten Garne, in Spalte b die Temperatur (^{o}C) und in Spalte c die rel. Luftfeuchte der Trocknungsluft aufgeführt. In Rubrik d finden sich die mittleren Reißlängen der im Apparat getrockneten Garne. Rubrik e gibt die prozentualen Unterschiede der in den Spalten d und a verzeichneten Reißlängenwerte, stets bezogen auf letztere, wieder (prozentualer Reißlängenverlust). Die Grenzbedingungen für den statistisch gesicherten Reißlängenunterschied betragen hierbei, wie bereits erwähnt, 7,0 % für 180 bzw. 4,92 % für 360 Reißungen. Das bedeutet, daß bei einem Unterschied gleich oder größer als 4,92 bzw. 7,0 %, bezogen auf den Mittelwert des luftgetrockneten Garns, eine Schädigung statistisch mit 99,9 % Sicherheit erwiesen ist. Dem ist in Rubrik f Rechnung getragen. Ein Pluszeichen bedeutet dort eine erwiesene Schädigung; ein Minuszeichen gibt an, daß der gefundene Unterschied der Reißlänge gegenüber der des luftgetrockneten Garnes noch innerhalb der Streuungsgrenzen liegt und eine Schädigung nicht mit Sicherheit behauptet werden kann.

Tabelle 4

Reißlängenverluste bei Spinnspulentrocknung

	a Lufttrock- nung Reiß- länge km	b Temp. °C	c rel. L-F. %	d Reißlg. km	e Reißlg.- Verl. %	f Schädi- gung
Flachsgarn Ne_L 35	20,1 19,6	50	7 30	19,2 18,5	4,5 5,6	− oo) − o)
	21,1 20,7 20,9	70	7 30 60	20,1 18,5 17,8	4,7 10,6 14,8	− oo) + o) + o)
	21,2 20,5	90	7 30	19,6 18,1	7,6 11,7	+ oo) + oo)
Flachswerggarn Ne_L 18	16,3 16,8	50	7 30	14,8 15,2	9,2 9,5	+ oo) + o)
	17,7 16,9 17,0	70	7 30 60	15,4 14,4 13,1	13,0 14,8 22,9	+ o) + o) + o)
	17,7 18,6	90	7 30	14,3 14,7	16,4 21,0	+ oo) + o)

oo) = 360 Reißungen
o) = 180 Reißungen

Die Ergebnisse lassen deutlich erkennen, daß - wie auch aufgrund der früheren Versuche nicht anders erwartet werden konnte - sowohl mit steigender Temperatur als auch mit steigender rel. Luftfeuchte die Reißlängenwerte fallen, also die prozentualen Reißlängenverluste zunehmen. Hierbei beginnt eine statistisch gesicherte Schädigung, ausgedrückt durch einen Reißlängenverlust von über 7,0 %, beim Flachsgarn erst im Bereich von 70°C und einer rel. Feuchte von 30 %, während beim Werggarn bereits in einem Temperaturbereich von 50°C statistisch gesicherte Schädigungen festzustellen sind, die um 10 % liegen. Während das Flachsgarn selbst durch hohe Temperaturen (90°C, 30 % rel. L-F.) eine Schädigung von ca. 12 % erleidet und nur bei sehr hoher rel. Luftfeuchte (60%) und einer Temperatur von 70°C knapp 15 % niedrigere Reißlängenwerte als das luftgetrocknete Garn aufweist, ist der Schädigungsumfang beim Flachswerggarn wesentlich größer, so daß der prozentuale Reißlängenverlust in ungünstigen Fällen (70°C, 60 % rel. L-F. oder 90°C, 30 % rel. L-F.) auf 23 bzw. 21 % steigt. Während eine zunehmende Schädigung der Garne mit steigender Trocknungslufttemperatur ohne weiteres verständlich ist, steht die ungünstige Auswirkung hoher Feuchtigkeit der Trocknungsluft im Gegensatz zu den allgemeinen Vorstellungen. Eine Erklärung für dieses Phänomen, das vor unseren in den Berichten I und II gemachten Feststellungen nicht bekannt war, ist offenbar darin zu suchen, daß die konstante Gutstemperatur im ersten Abschnitt der Trocknung um so höher liegt, je höher die rel. Feuchtigkeit der Trocknungsluft ist, und damit zu einer stärkeren Schädigung der Garne führt. So beträgt beispielsweise die Gütetemperatur im ersten Stadium der Trocknung bei 70°C Trocknungstemperatur und 7 % rel. Luftfeuchte 23,5°C, bei 30 % rel. L-F. 47,5°C und bei 60 % rel. L-F. 60°C (vergl. Abb. 12 und 13 oben). Zudem ist die Einwirkungszeit der genannten Gutstemperaturen, wie ebenfalls aus den Abbildungen zu ersehen in diesem Abschnitt der Trocknung bei niedriger Feuchtigkeit der Trocknungsluft kürzer als bei höherer.

Allgemein gilt weiterhin, daß das Flachswerggarn höhere Verluste aufweist als das Flachsgarn. Während ersteres unter den ungünstigen Versuchsverhältnissen hinsichtlich Temperatur (90°C) bzw. hoher rel. Luftfeuchte (60 %) etwa 12 bzw. 15 % Reißlängenverlust aufzuweisen hat, verliert das Flachswerggarn unter den gleichen Verhältnissen 21 bzw. 23 %.

Zur besseren Veranschaulichung sind in Abbildung 17 oben die Reißlängenverluste über den Temperaturen, in der gleichen Abbildung unten über der rel. Luftfeuchte aufgetragen.

In gleicher Art wie bei den Spinnspulen erfolgten vergleichende Festigkeitsuntersuchungen an den Spinnkops.

Um auch hier festzustellen, in welchem Maße Unterschiede in der Festigkeit (Reißlänge) zwischen dem Garn im Bereich des Spinnbeginns (Anfang des Fadens, Kopfuß) und der Spinnbeendigung (Ende des Fadens, Kopspitze) vorhanden sind, wurden von je zwei Kops jedes Trockenversuches vom Anfang und Ende je 60 (=120) Reißungen durchgeführt. Die Werte der Reißlängen sind in Tabelle 5 in der gleichen Art zusammengestellt wie in Tabelle 3.

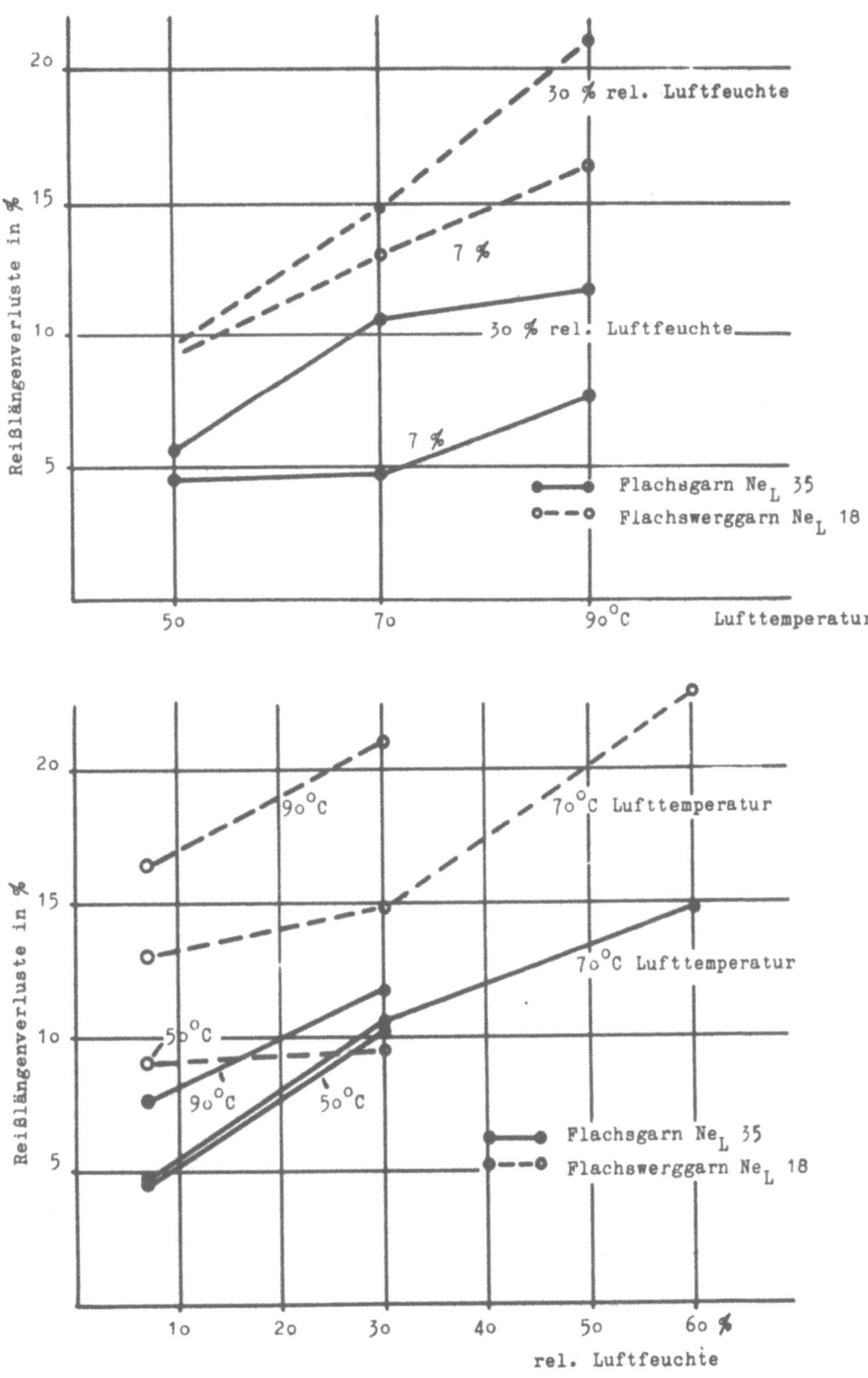

Abbildung 17
Trocknung von Leinengarnen   Reißlängenverluste

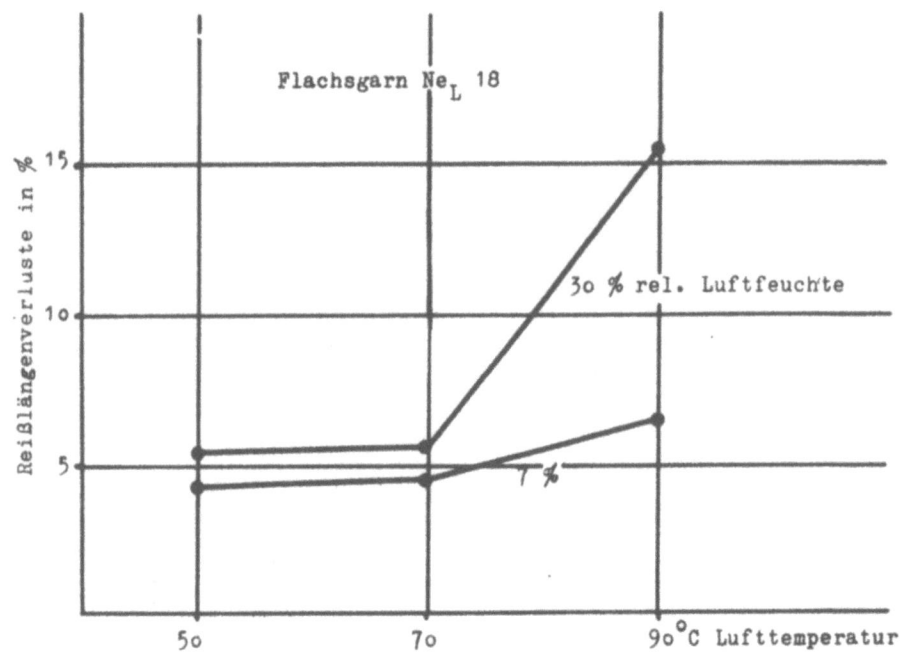

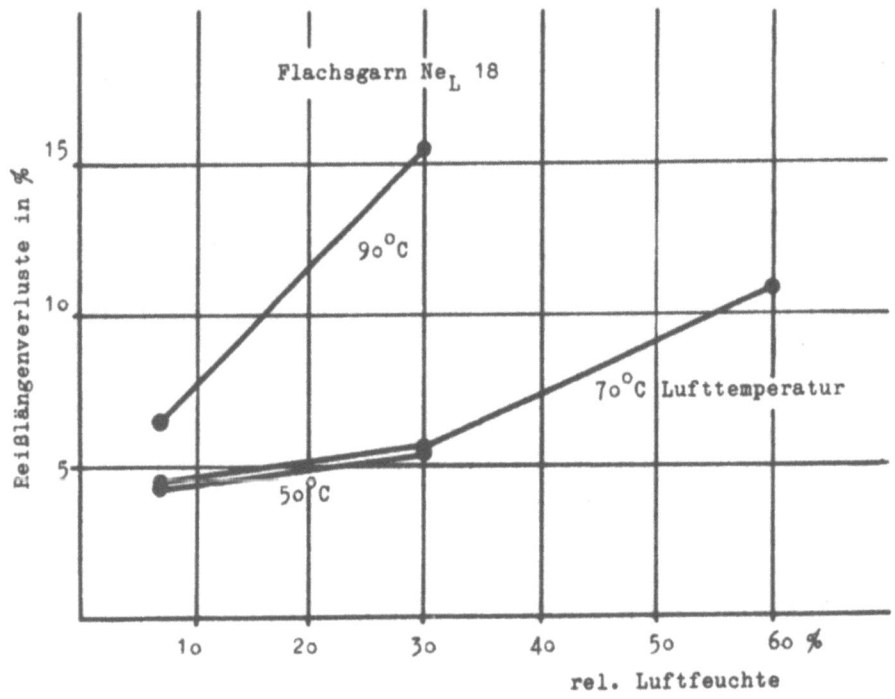

A b b i l d u n g 18
Trocknung von Leinengarnen   Reißlängenverluste

Wie zu ersehen, liegt die Reißlänge des Garns am Ende (Kopspitze) des Spinnvorganges in allen Fällen niedriger als am Anfang (Kopfuß). Wie im folgenden Abschnitt III, C beschrieben, ist demgegenüber die Reißdehnung des Garns an der Kopspitze deutlich größer als am Kopfuß. Es fällt also ein Absinken der Festigkeit mit einem Anstieg der Dehnung zusammen. Daraus ist zu folgern, daß die Unterschiede, die sich in den Garneigenschaften beim Spinnen auf Kopfuß und Kopspitze ergeben, zurückzuführen sind auf ungleiche Spinnspannungen. Andererseits ist kaum anzunehmen, daß die Unterschiede durch Trocknungseinflüsse hervorgerufen worden sind; denn in diesem Falle würde die Erhöhung der Dehnung zu dem gleichzeitig auftretenden Zurückgehen der Festigkeit im Widerspruch stehen. Bei dem folgenden Vergleich zwischen an der Luft getrockneten Garnen, welche vor dem Trocknungsprozeß von der Spitze der Kops abgezogen wurden und den im Apparat getrockneten Garnen können somit auch bei letzteren nur Endgarnlagen herangezogen werden.

In Tabelle 6 sind in der gleichen Weise wie in Tabelle 4 für Spinnspulen die Reißlängenwerte der luftgetrockneten Garne und die der im Apparat getrockneten Garne aus den Endlagen der Kops gegenübergestellt. Die in der Tabelle eingetragenen Mittelwerte beruhen auf den Einzelergebnissen von 2 x 60 (=120) Reißungen. In einigen Fällen, in denen eine Wiederholung angebracht war, handelt es sich um Mittel aus 240 Reißungen. Dementsprechend ergibt sich bei einem Unterschied der Reißungen gleich oder größer als 8,65 % bzw. 6,06 % die Gewißheit einer echten Schädigung mit einer statistischen Sicherheit von 99,9 %.

Auch die Ergebnisse der Kopstrocknung bestätigen, daß nicht nur mit steigender Temperatur, sondern auch mit steigender rel. Feuchte der Trocknungsluft die Festigkeit bzw. Reißlänge abnimmt. Allerdings bewegen sich die prozentualen Festigkeitsverluste in einem verhältnismäßig niedrigen Bereich und gehen nur beim Zusammentreffen höherer Temperatur und höherer Feuchtigkeit über 10 % Schädigung hinaus (70°C und 60 % rel. L-F. bzw. 90°C und 30 % rel. L-F.). - Auf die wahrscheinliche Ursache der schädigenden Auswirkung hoher rel. Feuchte der Trocknungsluft war bereits bei der Spinnspultrocknung eingegangen worden.

Zusammenfassend kann daher gesagt werden, daß sich sowohl bei der Spinnspulen-, als auch bei der Spinnkopstrocknung die bereits bei der Einzelfaden- und Kreuzspultrocknung festgestellte Tatsache bestätigt, daß

Forschungsberichte des Wirtschafts- und Verkehrsministeriums Nordrhein Westfalen

Tabelle 5

Unterschiede der Reißlänge zwischen Fadenanfang
(Fuß) und Fadenende (Spitze) von Spinnkops

	a Temp. °C	b rel. L-F. %	c Probeentnahme	d R e i ß l ä n g e km	e bezog. auf Anfang
Flachsgarn Ne_L 18	50	7	Anfang Ende	19,9 18,2	(100) 91,4
		30	Anfang Ende	18,9 17,7	(100) 93,6
	70	7	Anfang Ende	20,6 19,1	(100) 92,7
		30	Anfang Ende	19,0 18,7	(100) 98,4
		60	Anfang Ende	20,8 17,4	(100) 83,7
	90	7	Anfang Ende	20,3 20,1	(100) 99,0
		30	Anfang Ende	19,8 18,0	(100) 90,9

1. die Reißlänge - wie nicht anders zu erwarten - mit steigender Temperatur abnimmt und die Schädigung bei hohen Temperaturen erhebliche Ausmaße annimmt; festgestellt wurden bis über 15 % Schädigung beim Flachsgarn und über 20 % bei Werggarn bei Anwendung einer Trocknungstemperatur von 90°C;

2. die Reißlänge - wie dies vor Durchführung der Trocknungsversuche nicht bekannt war - mit steigender rel. Feuchtigkeit der Trocknungsluft abfällt; festgestellte Schädigungen betrugen bei 70°C und 60 % rel. L-F. über 15 % bei Flachsgarn und über 20 % bei Werggarn;

Forschungsberichte des Wirtschafts- und Verkehrsministeriums Nordrhein Westfalen

Tabelle 6
Reißlängenverluste bei Spinnkopstrocknung

		a Lufttrocknung Reißlänge km	b Temp. °C	c rel. L-F. %	d Reißlg. km	e Reißlg. Verlust %	f Schädigung
Flachsgarn	Ne_L 18	19,0 18,7	50	7 30	18,2 17,7	4,2 5,4	- oo) - o)
		20,0 19,8 19,6	70	7 30 60	19,1 18,7 17,4	4,5 5,6 10,8	- oo) - o) + o)
		21,5 21,3	90	7 30	20,1 18,0	6,5 15,5	+ oo) + o)

oo) = 240 Reißungen

o) = 120 Reißungen

3. Unterschiede hinsichtlich der Empfindlichkeit gegen hohe Temperaturen und hohe rel. Luftfeuchte zwischen Flachsgarn und Flachswerggarn derart bestehen, daß die Schädigung beim Flachswerggarn größer ist.

C. Einfluß der Trocknungsverhältnisse auf die Dehnungseigenschaften von Flachs- und Flachswerggarnen

Im Zusammenhang mit den Ermittlungen der Reißfestigkeit wurden die mittleren Werte der Reißdehnung festgestellt. Die Durchführung der Probeentnahmen und der Prüfungen entsprach somit vollkommen den Ausführungen in Abschnitt III, B über die Untersuchungen des Trocknungseinflusses auf die Festigkeit.

Zunächst wurde auch hier ermittelt, ob charakteristische Dehnungsunterschiede bei den Garnen der zwei Radialschichten der Spinnspulen bzw. zwischen Fadenanfang (Fuß) und Fadenende (Spitze) der Spinnkops bestehen. Die Ergebnisse des Vergleichs sind für <u>Spinnspulen</u> in Tabelle 7 zusammengefaßt, die in gleicher Weise aufgebaut ist wie Tabelle 3 hinsichtlich der

Tabelle 7

Unterschiede der Reißdehnung zwischen Fadenanfang (innen) und Fadenende (außen) von Spinnspulen

		a Temp. °C	b rel. L-F. %	c Probeentnahme	d Reißdehnung %	e Reißdehnung bezog. auf Innensch.
Flachsgarn Ne_L 35		70	7	Innen Außen	1,53 1,56	(100) 102,2
			30	Innen Außen	1,70 1,59	(100) 87,6
			60	Innen Außen	1,58 1,52	(100) 96,2
		90	7	Innen Außen	1,60 1,64	(100) 102,6
			30	Innen Außen	1,64 1,54	(100) 93,9
Flachswerggarn Ne_L 18		70	7	Innen Außen	1,55 1,59	(100) 102,7
			30	Innen Außen	1,41 1,54	(100) 109,2
			60	Innen Außen	1,56 1,47	(100) 94,2
		90	7	Innen Außen	1,37 1,55	(100) 113,2
			30	Innen Außen	1,27 1,36	(100) 107,2

Reißlängen. Wie zu erkennen, treten zwischen Innen- und Außenschicht wohl Dehnungsunterschiede auf; jedoch konnte auch hier eine Tendenz für eine Zu- oder Abnahme der Reißdehnung von den inneren nach den äußeren Garnlagen oder umgekehrt ebenso wenig festgestellt werden, wie das bei den Reißlängen der Fall war.

Die Vergleichsergebnisse zwischen den Dehnungen der bei Zimmertemperatur an der Luft und den im Apparat getrockneten Garnen ermöglichen die in Tabelle 8 eingetragenen Werte der Reißdehnungen. Es ist zu ersehen, daß die Dehnung, verglichen mit den Werten der luftgetrockneten Garne, eine Verminderung erfahren hat, die sowohl mit steigender Temperatur als auch mit steigender rel. Luftfeuchte stärker zum Ausdruck kommt. (Daß bei 50°C kein Abfall, sondern im Gegenteil eine Zunahme der Reißdehnung festgestellt werden konnte, dürfte auf die erfahrungsgemäß grössere Schwankungsbreite der mittleren Dehnungswerte und demnach auf eine Zufallserscheinung zurückzuführen sein). Die Dehnungsabnahme als Folge schärferer Trocknung war in Parallelität zu der Verminderung der Festigkeit zu erwarten und stimmt auch mit den Ergebnissen bei Einzelfäden- und Kreuzspultrocknung überein. Die Verluste erreichen bei Flachsgarn im Höchstfall 10 %, bei Flachswerggarn rd. 15 %.

Unter der berechtigten Annahme, daß die Streuung der Dehnungswerte bei den Reißproben nicht höher ist als die der Reißfestigkeiten, ist auch hier als Grenze für den mit einer statistischen Sicherheit von 99,9 % zu behauptenden echten Unterschied gegenüber dem Vergleichsgarn bei 180 Reißungen der Wert von 7,0 %, bei 360 Reißungen der Wert von 4,92 % einzusetzen. Die Tabelle zeigt, daß die gesicherten Reißdehnungsverluste für Flachsgarn nur in Fällen des Zusammentreffens hoher Temperatur und hoher Feuchtigkeit festzustellen sind; bei Flachswerggarn sind sie aber bei 70°C und höheren Temperaturen immer deutlich vorhanden.

An den <u>Spinnkops</u> wurden - parallel zu den Festigkeitsprüfungen - die vom Anfang (Fuß) und Ende (Spitze) des Spinnvorganges stammenden Garnstücke hinsichtlich Reißdehnung miteinander verglichen.

Auf das aus Tabelle 9 hervorgehende Ergebnis, nämlich auf die deutlich vorhandene Tendenz einer erhöhten Reißdehnung gegen Ende der Kops wurde bereits im Zusammenhang mit den gegenläufigen Feststellungen der Reißlängenänderung eingegangen. Sie mußten auf Einflüsse, die außerhalb der Trocknungsvorgänge liegen, zurückgeführt werden.

Tabelle 8
Reißdehnungsverluste bei Spinnspulentrocknung

	a Lufttrocknung Reißdehnung	b Temp. °C	c rel. L-F. %	d Reißdehn. %	e Reißdehnungsänd. %	f Schädigung
Flachsgarn Ne$_L$ 35	1,65 1,65	50	7 30	1,70 1,69	+ 3,0 + 2,4	- oo) - o)
	1,68 1,68 1,67	70	7 30 60	1,65 1,59 1,51	- 1,8 - 5,4 - 9,6	- oo) - o) + o)
	1,68 1,67	90	7 30	1,64 1,54	- 2,4 - 7,8	- oo) + oo)
Flachswerggarn Ne$_L$ 18	1,54 1,53	50	7 30	1,52 1,62	- 1,3 + 5,9	- oo) - o)
	1,63 1,67 1,71	70	7 30 60	1,59 1,54 1,47	- 2,5 - 7,8 - 14,0	- o) + o) + o)
	1,71 1,59	90	7 30	1,54 1,43	- 9,9 - 10,1	+ oo) + o)

oo) = 360 Reißdehnungen

o) = 180 Reißdehnungen

Deshalb sind die Vergleiche zwischen an der Luft und im Apparat getrockneten Garnen auch hier nur innerhalb der oberen Garnlagen an der Spitze der Kops möglich. Die Ergebnisse sind in Tabelle 10 zusammengefaßt. Wie zu ersehen, konnte eine statistisch gesicherte Garnschädigung hinsichtlich der Dehnung nur bei den hohen Trockentemperaturen (90°C) festgestellt werden. Allerdings erscheinen die bei 70°C aufgetretenen geringen Dehnungsverluste zumindest bei hoher Luftfeuchtigkeit unwahrscheinlich.

Tabelle 9
Unterschiede der Reißdehnung zwischen Fadenanfang
(Fuß) und Fadenende (Spitze) von Spinnkops

	a Temp. °C	b rel. L-F. %	c Probeentnahme	d Reißdehnung %	e bezog. auf Anfang
Flachsgarn Ne$_L$ 18	50	7	Anfang Ende	2,12 2,49	(100) 117,5
		30	Anfang Ende	2,07 2,26	(100) 109,2
	70	7	Anfang Ende	2,06 2,34	(100) 113,8
		30	Anfang Ende	2,25 2,49	(100) 110,7
		60	Anfang Ende	2,00 2,35	(100) 117,5
	90	7	Anfang Ende	2,12 2,14	(100) 102,0
		30	Anfang Ende	1,93 2,33	(100) 120,8

Angesichts der bei der Spinnspulentrocknung gemachten Erfahrungen und unter der Berücksichtigung, daß auf den Spinnkops nur die weniger empfindlichen Flachsgarne getrocknet wurden, kann zusammengefaßt festgestellt werden, daß mit merklichen Dehnungseinbußen bei Anwendung hoher Temperatur (90°C) oder höherer Luftfeuchte (30 und 60 %) gerechnet werden muß. Wie bei dem Trocknungseinfluß auf die Festigkeit sind auch hier die höheren Verluste beim Flachswerggarn festzustellen.

Tabelle 10

Reißdehnungsverluste bei Spinnkopstrocknung

	a Lufttrock- nung Reiß- dehnung %	b Temp. °C	c rel. L-F. %	d Reiß- dehn. %	e Reißdeh- nungsänd. %	f Schädi- gung
Flachsgarn Ne$_L$ 18	2,68 2,73	50	7 30	2,49 2,58	7,1 5,5	+ oo) − o)
	2,40 2,56 2,46	70	7 30 60	2,34 2,49 2,35	2,5 2,7 3,7	− oo) − o) − o)
	2,68 2,55	90	7 30	2,23 2,13	16,8 16,5	+ oo) + o)

Trocknung im Apparat (Spalten d, e, f)

oo) = 240 Reißdehnungen
o) = 120 Reißdehnungen

Es wurden auch noch Versuche unternommen, unter Einsatz der Prüfung am laufenden Faden auf der Universal-Garnprüfmaschine Frenzel-Hahn eine evtl. Veränderung der Elastizität infolge unterschiedlicher Trocknung zu erfassen. Wie bekannt, wird an dieser Maschine der durchlaufende Faden durch eine konstante einstellbare Dehnung beansprucht, wobei sich die bleibende und die elastische Dehnung feststellen lassen. Das Verhältnis der elastischen Dehnung zur Gesamtdehnung wird als Elastizität des Fadens bezeichnet.

Bei der sehr niedrigen Dehnung von Flachs- und Flachswerggarnen ist die Erfassung kleinerer Unterschiede in den elastischen Eigenschaften verhältnismäßig unsicher, zumal das Garnmaterial in sich Schwankungen unterliegt. Infolgedessen zeigen die Ergebnisse keine derart eindeutige Abhängigkeit von den Trocknungsluftzuständen, wie dies bei Reißfestigkeit und Reißdehnung der Fall war. Immerhin konnte beobachtet werden, daß hohe Trocknungslufttemperaturen eine Elastizitätsverminderung herbeiführen. Wird beispielsweise für die drei angewandten Temperaturen jeweils das Mittel aus den bei den verschiedenen rel. Luftfeuchten erhaltenen Ergebnissen gebildet, so ergibt sich folgendes Bild der Elastizitätsänderung:

Temp. °C	Spinnspulen Flachsgarn Ne_L 35	Werggarn Ne_L 18	Spinnkops Flachsgarn Ne_L 18
50	62,6 %	57,9 %	56,6 %
70	62,3 %	57,2 %	57,8 %
90	58,7 %	54,1 %	55,0 %

Wenn auch die aufgetretenen Differenzen verhältnismäßig gering sind, so kann doch eine Verschlechterung der Elastizität bei Anwendung höherer Trocknungstemperaturen mit Sicherheit angenommen werden. Über ihre Grössenordnung erlaubten allerdings die Versuchsergebnisse auf der Frenzel-Hahn-Universal-Garnprüfmaschine aus den erwähnten Gründen offenbar eine erschöpfende Aussage nicht herzuleiten.

D. Weitere Beobachtungen und Bemerkungen

Bei der Trocknung auf Spinnspulen und Spinnkops wird hin und wieder eine Verfärbung bzw. eine unterschiedliche Farbtönung im Garn festgestellt. Diese Erscheinung konnte auch bei den hier vorgenommenen Trocknungsversuchen beobachtet werden, und zwar nahm das Garn, vor allen Dingen in den Außenschichten feststellbar, eine dunklere, in einen Braunton übergehende Farbtönung an. So zeigten sich zunächst Unterschiede zwischen Spulen, die bei 50°C getrocknet, und solchen, die einer Temperatur von 90°C ausgesetzt waren, wobei höhere Temperaturen die Brauntönung deutlicher hervortreten ließen. Eine höhere Trocknungsluftfeuchtigkeit, z.B. 30 % rel., verursachte in allen Fällen, selbst bei einer Trocknungstemperatur von 50°C, eine Verfärbung, die um so intensiver war, je höher auch die Temperatur lag.

Die Beobachtung der Verfärbungsnuancen und der Unterschied in den verschiedenen Schichten der Wicklung ist schwierig, schon weil nicht objektiv erfaßbar. So ist beispielsweise fraglich, ob es Zufall oder Unzulänglichkeit des Beurteilungsvermögens war, daß bei Spinnkops die Brauntönung nur bei hohen Temperaturen (90°C) und hierbei auch nur bei 30 % rel. Luftfeuchte festgestellt werden konnte.

Die Verfärbung ist wahrscheinlich auf eine Umsetzung der Begleitstoffe zurückzuführen, da Zellulose durch Temperaturen um oder unter 100°C nicht beeinflußt wird.

Die Feststellungen über die Verfärbungen bzw. unterschiedlichen Farbtönungen seien in diesem Bericht nur angedeutet. Es bedarf für die vollständige Erfassung und Erklärung der Erscheinungen besonderer darauf ausgerichteter Beobachtungen. Die auftretenden Fragen, ob es sich bei der festgestellten Verfärbung um eine spez. Erscheinung bei der Trocknung auf Spinnspulen und Spinnkops handelt und sie gegebenenfalls in der längeren Zeitdauer dieser Trocknungsart ihre Ursache hat, oder ob sie auch sonst vorhanden ist, bei der Spulen- und Kopstrocknung lediglich deutlicher hervortritt infolge unterschiedlicher Beeinflussung der einzelnen Schichten, bedürfen noch einer Klärung. Ist letzteres richtig - tatsächlich ist eine verschiedene Farbtönung der Außenschicht zu den übrigen Garnschichten festgestellt worden -, so fehlt auch für diese Erscheinung zunächst eine begründete Erklärung.

IV. Zusammenfassung

In Fortsetzung der systematischen Arbeiten des Techn.-Wissenschaftl. Büros für die Bastfaserindustrie über die Trocknung naßgesponnener Leinengarne, die der Ermittlung der Wärmevorgänge im Innern des Garns und ihrer Auswirkungen auf die Garneigenschaften dienen, wurden Untersuchungen von auf Spinnspulen und Spinnkops getrockneten Rohgarnen durchgeführt. Im ersteren Falle wurden für die Versuche Flachsgarn Ne_L 35 und Flachswerggarn Ne_L 18, im letzteren nur Flachsgarn Ne_L 18 herangezogen.

In einem geeigneten Trockenapparat waren Temperatur und rel. Feuchtigkeit der Trocknungsluft veränderliche Größen, deren Einfluß auf den Trocknungsvorgang und die Garneigenschaften beobachtet wurde. Die Temperaturen betrugen 50, 70 und 90°C jeweils bei einer rel. Luftfeuchtigkeit von 7 und 30 %. In einem Falle (70°C) wurde auch mit rel. L-F. von 60 % gearbeitet.

Für alle vorgenommenen Variationen wurden Trocknungskurven, d.h. Abhängigkeitskurven der Gutsfeuchtigkeit von der Trocknungszeit aufgenommen und daraus Trocknungsdauer und Restfeuchte ermittelt.

Forschungsberichte des Wirtschafts- und Verkehrsministeriums Nordrhein Westfalen

Unter Zuhilfenahme der bei früheren Versuchen mit Einzelfäden, Strähnen und Kreuzspulen (Berichte I und II) bestimmten und durch diese Versuche erneut bestätigten Sorptionskurven für Leinengarne und die vorerwähnten Trocknungskurven wurden Gutstemperaturkurven aufgestellt. Trocknungs- und Gutstemperaturkurven ergaben insbesondere bei Berücksichtigung der verschiedenen Schichten der Spinnspulen und Spinnkops interessante Aufschlüsse über die thermischen Vorgänge. Für die Beobachtung der Trocknungsvorgänge im Inneren der Spulen bzw. Kops wurden neuartige elektrische Meßverfahren angewandt.

Die Verminderung der Reißlänge und der Reißdehnung der getrockneten Garne stellten gegenüber gleichen Spulen bzw. Kops entnommenen und bei Zimmertemperatur an der Luft getrockneten Proben einen Maßstab für eine Schädigung der Leinengarne dar.

Im vorliegenden Bericht wird im einzelnen dargelegt, daß die Flachsgarne auf Spinnspulen und Spinnkops im Bereich höherer Lufttemperatur (70°C und mehr), die Flachswerggarne bereits bei einer Temperatur von 50°C statistisch sichere Schädigungen aufweisen, die mit steigender Temperatur und zunehmender Feuchtigkeit der Trocknungsluft relativ hohe Werte annehmen können. Das Flachswerggarn ist gegen Trocknungseinflüsse empfindlicher als das Flachsgarn. Die maximal festgestellten Reißlängenverluste betrugen beim Flachsgarn auf Spinnspule und Spinnkop 15 %, beim Werggarn 23 %. - Für die Reißdehnung gilt in gleicher Weise ein Abfall mit steigender Temperatur und steigender rel. Luftfeuchte. Hierbei treten statistisch sichere Schädigungen bei hoher Temperatur (90°C) oder bei hohen Luftfeuchten (60 %) auf. Bei Spinnspulentrocknung erwies sich das Flachswerggarn mit Maximalwerten von 19 % gegenüber dem Vergleichsgarn wiederum empfindlicher als das Flachsgarn mit max. 10 % Dehnungsverlust. Bei der Kopstrocknung hatte auch das Flachsgarn hohe Dehnungsverluste bis über 16 %.

Versuchsdurchführung:

Text.-Ing. G. H E L L E R
Dr.-Ing. G. S A T L O W

                          Dipl.-Ing. W. R O H S
                          Dr.-Ing. G. S A T L O W

FORSCHUNGSBERICHTE DES WIRTSCHAFTS- UND VERKEHRSMINISTERIUMS NORDRHEIN-WESTFALEN

Herausgegeben von Staatssekretär Prof. Leo Brandt

Heft 1:
Prof. Dr.-Ing. Eugen Flegler, Aachen
Untersuchungen oxydischer Ferromagnet-Werkstoffe

Heft 2:
Prof. Dr. phil. Walter Fuchs, Aachen
Untersuchungen über absatzfreie Teeröle

Heft 3:
Techn.-Wissenschaftl. Büro für die Bastfaserindustrie, Bielefeld
Untersuchungsarbeiten zur Verbesserung des Leinenwebstuhls

Heft 4:
Prof. Dr. E. A. Müller u. Dipl.-Ing. H. Spitzer, Dortmund
Untersuchungen über die Hitzebelastung in Hüttenbetrieben

Heft 5:
Dipl.-Ing. Werner Fister, Aachen
Prüfstand der Turbinenuntersuchungen

Heft 6:
Prof. Dr. phil. Walter Fuchs, Aachen
Untersuchungen über die Zusammensetzung und Verwendbarkeit von Schwelteerfraktionen

Heft 7:
Prof. Dr. phil. Walter Fuchs, Aachen
Untersuchungen über emsländisches Petrolatum

Heft 8:
Maria Elisabeth Meffert und Heinz Stratmann, Essen
Algen-Großkulturen im Sommer 1951

Heft 9:
Techn.-Wissenschaftl. Büro für die Bastfaserindustrie, Bielefeld
Untersuchungen über die zweckmäßige Wicklungsart von Leinengarnkreuzspulen unter Berücksichtigung der Anwendung hoher Geschwindigkeiten des Garnes
Vorversuche für Zetteln und Schären von Leinengarnen auf Hochleistungsmaschinen

Heft 10:
Prof. Dr. Wilhelm Vogel, Köln
„Das Streifenpaar" als neues System zur mechanischen Vergrößerung kleiner Verschiebungen und seine technischen Anwendungsmöglichkeiten

Heft 11:
Laboratorium für Werkzeugmaschinen und Betriebslehre, Technische Hochschule Aachen
1. Untersuchungen über Metallbearbeitung im Fräsvorgang mit Hartmetallwerkzeugen und negativem Spanwinkel
2. Weiterentwicklung des Schleifverfahrens für die Herstellung von Präzisionswerkstücken unter Vermeidung hoher Temperaturen
3. Untersuchung von Oberflächenveredlungsverfahren zur Steigerung der Belastbarkeit hochbeanspruchter Bauteile

Heft 12:
Elektrowärme-Institut, Langenberg (Rhld.)
Induktive Erwärmung mit Netzfrequenz

Heft 13:
Techn.-Wissenschaftl. Büro für die Bastfaserindustrie, Bielefeld
Das Naßspinnen von Bastfasergarnen mit chemischen Zusätzen zum Spinnbad

Heft 14:
Forschungsstelle für Acetylen, Dortmund
Untersuchungen über Aceton als Lösungsmittel für Acetylen

Heft 15:
Wäschereiforschung Krefeld
Trocknen von Wäschestoffen

Heft 16:
Max-Planck-Institut für Kohlenforschung, Mülheim a. d. Ruhr
Arbeiten des MPI für Kohlenforschung

Heft 17:
Ingenieurbüro Herbert Stein, M. Gladbach
Untersuchung der Verzugsvorgänge in den Streckwerken verschiedener Spinnereimaschinen. 1. Bericht: Vergleichende Prüfung mit verschiedenen Dickenmeßgeräten

Heft 18:
Wäschereiforschung Krefeld
Grundlagen zur Erfassung der chemischen Schädigung beim Waschen

Heft 19:
Techn.-Wissenschaftl. Büro für die Bastfaserindustrie, Bielefeld
Die Auswirkung des Schlichtens von Leinengarnketten auf den Verarbeitungswirkungsgrad, sowie die Festigkeits- und Dehnungsverhältnisse der Garne und Gewebe

Heft 20:
Techn.-Wissenschaftl. Büro für die Bastfaserindustrie, Bielefeld
Trocknung von Leinengarnen I
Vorgang und Einwirkung auf die Garnqualität

Heft 21:
Techn.-Wissenschaftl. Büro für die Bastfaserindustrie, Bielefeld
Trocknung von Leinengarnen II
Spulenanordnung und Luftführung beim Trocknen von Kreuzspulen

Heft 22:
Techn.-Wissenschaftl. Büro für die Bastfaserindustrie, Bielefeld
Die Reparaturanfälligkeit von Webstühlen

Heft 23:
Institut für Starkstromtechnik, Aachen
Rechnerische und experimentelle Untersuchungen zur Kenntnis der Metadyne als Umformer von konstanter Spannung auf konstanten Strom

Heft 24:
Institut für Starkstromtechnik, Aachen
Vergleich verschiedener Generator-Metadyne-Schaltungen in bezug auf statisches Verhalten

Heft 25:
Gesellschaft für Kohlentechnik mbH., Dortmund-Eving
Struktur der Steinkohlen und Steinkohlen-Kokse

Heft 26:
Techn.-Wissenschaftl. Büro für die Bastfaserindustrie, Bielefeld
Vergleichende Untersuchungen zweier neuzeitlicher Ungleichmäßigkeitsprüfer für Bänder und Garne hinsichtlich Ihrer Eignung für die Bastfaserspinnerei

Heft 27:
Prof. Dr. E. Schratz, Münster
Untersuchungen zur Rentabilität des Arzneipflanzenanbaues
Römische Kamille, Anthemis nobilis L.

Heft: 28:
Prof. Dr. E. Schratz, Münster
Calendula officinalis L.
Studien zur Ernährung, Blütenfüllung und Rentabilität der Drogengewinnung

Heft 29:
Techn.-Wissenschaftl. Büro für die Bastfaserindustrie, Bielefeld
Die Ausnützung der Leinengarne in Geweben

Heft 30:
Gesellschaft für Kohlentechnik mbH., Dortmund-Eving
Kombinierte Entaschung und Verschwelung von Steinkohle; Aufarbeitung von Steinkohlenschlämmen zu verkokbarer oder verschwelbarer Kohle

Heft 31:
Dipl.-Ing. Störmann, Essen
Messung des Leistungsbedarfs von Doppelsteg-Kettenförderern

Heft 32:
Techn.-Wissenschaftl. Büro für die Bastfaserindustrie, Bielefeld
Der Einfluß der Natriumchloridbleiche auf Qualität und Verwebbarkeit von Leinengarnen und die Eigenschaften der Leinengewebe unter besonderer Berücksichtigung des Einsatzes von Schützen- und Spulenwechselautomaten in der Leinenweberei

Heft 33:
Kohlenstoffbiologische Forschungsstation e. V.
Eine Methode zur Bestimmung von Schwefeldioxyd und Schwefelwasserstoff in Rauchgasen und in der Atmosphäre

Heft 34:
Textilforschungsanstalt Krefeld
Quellungs- und Entquellungsvorgänge bei Faserstoffen

Heft 35:
Professor Dr. Wilhelm Kast, Krefeld
Feinstrukturuntersuchungen an künstlichen Zellulosefasern verschiedener Herstellungsverfahren

Heft 36:
Forschungsinstitut der feuerfesten Industrie, Bonn
Untersuchungen über die Trocknung von Rohton. Untersuchungen über die chemische Reinigung von Silika- und Schamotte-Rohstoffen mit chlorhaltigen Gasen

Heft 37:
Forschungsinstitut der feuerfesten Industrie, Bonn
Untersuchungen über den Einfluß der Probenvorbereitung auf die Kaltdruckfestigkeit feuerfester Steine

Heft 38:
Forschungsstelle für Acetylen, Dortmund
Untersuchungen über die Trocknung von Acetylen zur Herstellung von Dissousgas

Heft 39:
Forschungsgesellschaft Blechverarbeitung e. V., Düsseldorf
Untersuchungen an prägegemusterten und vorgelochten Blechen

Heft 40:
Landesgeologe Dr.-Ing. W. Wolff, Amt für Bodenforschung, Krefeld
Untersuchungen über die Anwendbarkeit geophysikalischer Verfahren zur Untersuchung von Spateisengängen im Siegerland

Heft 41:
Techn.-Wissenschaftl. Büro für die Bastfaserindustrie, Bielefeld
Untersuchungsarbeiten zur Verbesserung des Leinenwebstuhles II

Heft 42:
Professor Dr. Burckhardt Helferich, Bonn
Untersuchungen über Wirkstoffe — Fermente — in der Kartoffel und die Möglichkeit ihrer Verwendung

Heft 43:
Forschungsgesellschaft Blechverarbeitung e. V., Düsseldorf
Forschungsergebnisse über das Beizen von Blechen

Heft 44:
Arbeitsgemeinschaft für praktische Dehnungsmessung, Düsseldorf
Eigenschaften und Anwendungen von Dehnungsmeßstreifen

Heft 45:
Losenhausenwerk Düsseldorfer Maschinenbau AG., Düsseldorf
Untersuchungen von störenden Einflüssen auf die Lastgrenzenanzeige von Dauerschwingprüfmaschinen

Heft 46:
Professor Dr. phil. W. Fuchs, Aachen
Untersuchungen über die Aufbereitung von Wasser für die Dampferzeugung in Benson-Kesseln

Heft 47:
Prof. Dr.-Ing. habil. Karl Krekeler, Aachen
Versuche über die Anwendung der induktiven Erwärmung zum Sintern von hochschmelzenden Metallen sowie zur Anlegierung und Vergütung von aufgespritzten Metallschichten mit dem Grundwerkstoff.

Heft 48:
Max-Planck-Institut für Eisenforschung, Düsseldorf
Spektrochemische Analyse der Gefügebestandteile in Stählen nach ihrer Isolierung

Heft 49:
Max-Planck-Institut für Eisenforschung, Düsseldorf
Untersuchungen über Ablauf der Desoxydation und die Bildung von Einschlüssen in Stählen

Heft 50:
Max-Planck-Institut für Eisenforschung, Düsseldorf
Flammenspektralanalytische Untersuchung der Ferritzusammensetzung in Stählen

Heft 51:
Verein zur Förderung von Forschungs- und Entwicklungsarbeiten in der Werkzeugindustrie e. V., Remscheid
Untersuchungen an Kreissägeblättern für Holz, Fehler- und Spannungsprüfverfahren

Heft 52:
Forschungsstelle für Azetylen, Dortmund
Untersuchungen über den Umsatz bei der explosiblen Zersetzung von Azetylen
    a) Zersetzung von gasförmigem Azetylen,
    b) Zersetzung von an Silikagel adsorbiertem Azetylen

Heft 53:
Professor Dr.-Ing. H. Opitz, Aachen
Reibwert- und Verschleißmessungen an Kunststoffgleitführungen für Werkzeugmaschinen

Heft 54:
Professor Dr.-Ing. habil. F. A. F. Schmidt, Aachen
Schaffung von Grundlagen für die Erhöhung der spez. Leistung und Herabsetzung des spez. Brennstoffverbrauches bei Ottomotoren mit Teilbericht über Arbeiten an einem neuen Einspritzverfahren

Heft 55:
Forschungsgesellschaft Blechverarbeitung, Düsseldorf
Chemisches Glänzen von Messing und Neusilber

Heft 56:
Forschungsgesellschaft Blechverarbeitung, Düsseldorf
Untersuchungen über einige Probleme der Behandlung von Blechoberflächen

Heft 57:
Prof. Dr.-Ing. habil. F. A. F. Schmidt, Aachen
Untersuchungen zur Erforschung des Einflusses des chemischen Aufbaues des Kraftstoffes auf sein Verhalten im Motor und in Brennkammern von Gasturbinen.

Heft 58:
Gesellschaft für Kohlentechnik m. b. H., Dortmund
Herstellung und Untersuchung von Steinkohlenschwelteer.

Heft 59:
Forschungsinstitut der Feuerfest-Industrie, Bonn
Ein Schnellanalysenverfahren zur Bestimmung von Aluminiumoxyd, Eisenoxyd und Titanoxyd in feuerfestem Material mittels organischer Farbreagenzien auf photometrischem Wege
Untersuchungen des Alkali-Gehaltes feuerfester Stoffe mit dem Flammenphotometer nach Riehm-Lange

Heft 60:
Forschungsgesellschaft Blechverarbeitung e. V., Düsseldorf
Untersuchungen über das Spritzlackieren im elektrostatischen Hochspannungsfeld

Heft 61:
Verein zur Förderung von Forschungs- und Entwicklungsarbeiten in der Werkzeugindustrie e. V., Remscheid
Schwingungs- und Arbeitsverhalten von Kreissägeblättern für Holz

Heft 62:
Professor Dr. W. Franz, Institut für theoretische Physik der Universität Münster
Berechnung des elektrischen Durchschlags durch feste und flüssige Isolatoren

Heft 63:
Textilforschungsanstalt Krefeld
Neue Methoden zur Untersuchung der Wirkungsweise von Textilhilfsmitteln
Untersuchungen über Schlichtungs- und Entschlichtungsvorgänge

Heft 64:
Textilforschungsanstalt Krefeld
Die Kettenlängenverteilung von hochpolymeren Faserstoffen
Über die fraktionierte Fällung von Polyamiden

Heft 65:
Fachverband Schneidwarenindustrie, Solingen
Untersuchungen über das elektrolytische Polieren von Tafelmesserklingen aus rostfreiem Stahl

Heft 66:
Dr.-Ing. Peter Füsgen VDI †, Düsseldorf
Untersuchungen über das Auftreten des Ratterns bei selbsthemmenden Schneckengetrieben und seine Verhütung

Heft 67:
Heinrich Wösthoff o. H. G., Apparatebau, Bochum
Entwicklung einer chemisch-physikalischen Apparatur zur Bestimmung kleinster Kohlenoxyd-Konzentrationen

Heft 68:
Kohlenstoffbiologische Forschungsstation e. V., Essen
Algengroßkulturen im Sommer 1952
II. Über die unsterile Großkultur von Scenedesmus obliquus

Heft 69:
Wäschereiforschung Krefeld
Bestimmung des Faserabbaues bei Leinen unter besonderer Berücksichtigung der Leinengarnbleiche

Heft 70:
Wäschereiforschung Krefeld
Trocknen von Wäschestoffen

Heft 71:
Prof. Dr.-Ing. K. Leist, Aachen
Kleingasturbinen, insbesondere zum Fahrzeugantrieb

Heft 72:
Prof. Dr.-Ing. K. Leist, Aachen
Beitrag zur Untersuchung von stehenden geraden Turbinengittern mit Hilfe von Druckverteilungsmessungen

Heft 73:
Prof. Dr.-Ing. K. Leist, Aachen
Spannungsoptische Untersuchungen von Turbinenschaufelfüßen

Heft 74:
Max-Planck-Institut für Eisenforschung, Düsseldorf
Versuche zur Klärung des Umwandlungsverhaltens eines sonderkarbidbildenden Chromstahls

Heft 75:
Max-Planck-Institut für Eisenforschung, Düsseldorf
Zeit-Temperatur-Umwandlungs-Schaubilder als Grundlage der Wärmebehandlung der Stähle

Heft 76:
Max-Planck-Institut für Arbeitsphysiologie, Dortmund
Arbeitstechnische und arbeitsphysiologische Rationalisierung von Mauersteinen

Heft 77:
Meteor Apparatebau Paul Schmeck G. m. b. H., Siegen
Entwicklung von Leuchtstoffröhren hoher Leistung

Heft 78:
Forschungsstelle für Acetylen, Dortmund
Über die Zustandsgleichung des gasförmigen Acetylens und das Gleichgewicht Acetylen — Aceton

Heft 79:
Techn.-Wissenschaftl. Büro für die Bastfaserindustrie, Bielefeld
Trocknung von Leinengarnen III
Spinnspulen- und Spinnkopstrocknung
Vorgang und Einwirkung auf die Garnqualität

Heft 80:
Techn.-Wissenschaftl. Büro für die Bastfaserindustrie, Bielefeld
Die Verarbeitung von Leinengarn auf Webstühlen mit und ohne Oberbau

Heft 81:
Prüf- und Forschungsinstitut für Ziegeleierzeugnisse, Essen-Kray
Die Einführung des großformatigen Einheits-Gitterziegels im Lande Nordrhein-Westfalen

Heft 82:
Vereinigte Aluminium-Werke AG., Bonn
Forschungsarbeiten auf dem Gebiet der Veredelung von Aluminium-Oberflächen

Heft 83:
Prof. Dr. S. Strugger, Münster
Über die Struktur der Proplastiden

Heft 84:
Dr. med. habil., Dr. phil. H. Baron, Düsseldorf
Über Standardisierung von Wundtextilien

Heft 85:
Textilforschungsanstalt Krefeld
Physikalische Untersuchungen an Fasern, Fäden, Garnen und Geweben:
Untersuchungen am Knickscheuergerät nach Weltzien

Heft 86:
Professor Dr.-Ing. H. Opitz, Aachen
Untersuchungen über das Fräsen von Baustahl sowie über den Einfluß des Gefüges auf die Zerspanbarkeit

Heft 87:
Gemeinschaftsausschuß Verzinken, Düsseldorf
Untersuchungen über Güte von Verzinkungen

Heft 88:
Gesellschaft für Kohlentechnik mbH., Dortmund-Eving
Oxydation von Steinkohle mit Salpetersäure

Heft 89:
Verein Deutscher Ingenieure, Gleitlagerforschung, Düsseldorf und Prof. Dr.-Ing. G. Vogelpohl, Göttingen
Versuche mit Preßstoff-Lagern für Walzwerke

Heft 90:
Forschungs-Institut der Feuerfest-Industrie, Bonn
Das Verhalten von Silikasteinen im Siemens-Martin-Ofengewölbe

Heft 91:
Forschungs-Institut der Feuerfest-Industrie, Bonn
Untersuchungen des Zusammenhangs zwischen Leistung und Kohlenverbrauch von Kammeröfen zum Brennen von feuerfesten Materialien

Heft 92:
Techn.-Wissenschaftl. Büro für die Bastfaserindustrie, Bielefeld und Laboratorium für textile Meßtechnik, M.-Gladbach
Messungen von Vorgängen am Webstuhl

Heft 93:
Prof. Dr. W. Kast, Krefeld
Spinnversuche zur Strukturerfassung künstlicher Zellulosefasern

Heft 94:
Prof. Dr. phil. habil. G. Winter, Bonn
Die Heilpflanzen des MATTHIOLUS (1611) gegen Infektionen der Harnwege und Verunreinigung der Wunden bzw. zur Förderung der Wundheilung im Lichte der Antibiotikaforschung

Heft 95:
Prof. Dr. phil. habil. G. Winter, Bonn
Untersuchungen über die flüchtigen Antibiotika aus der Kapuziner- (Tropaeolum maius) und Gartenkresse (Lepidium sativum) und ihr Verhalten im menschlichen Körper bei Aufnahme von Kapuziner- bzw. Gartenkressensalat per os

Heft 96:
Dr.-Ing. P. Koch, Dortmund
Austritt von Exoelektronen aus Metalloberflächen unter Berücksichtigung der Verwendung des Effektes für die Materialprüfung

Heft 97:
Ing. H. Stein, M.-Gladbach
Laboratorium für textile Meßtechnik
Untersuchung der Verzugsvorgänge an den Streckwerken verschiedener Spinnereimaschinen
2. Bericht: Ermittlung der Haft-Gleiteigenschaften von Faserbändern und Vorgarnen

Heft 98:
Fachverband Gesenkschmieden, Hagen
Die Arbeitsgenauigkeit beim Gesenkschmieden unter Hämmern

Heft 99:
Prof. Dr.-Ing. G. Garbotz, Aachen
Der Kraft- und Arbeitsaufwand sowie die Leistungen beim Biegen von Bewehrungsstählen in Abhängigkeit von den Abmessungen, den Formen und der Güte der Stähle (Ermittlung von Leistungsrichtlinien)

Heft 100:
Prof. Dr.-Ing. H. Opitz, Aachen
Untersuchungen von elektrischen Antrieben, Steuerungen und Regelungen an Werkzeugmaschinen

VERÖFFENTLICHUNGEN
DER ARBEITSGEMEINSCHAFT FÜR FORSCHUNG
DES LANDES NORDRHEIN-WESTFALEN

Im Auftrage des Ministerpräsidenten Karl Arnold

Herausgegeben von Staatssekretär Prof. Leo Brandt

Heft 1:
Prof. Dr.-Ing. Friedrich Seewald, Technische Hochschule Aachen
Neue Entwicklungen auf dem Gebiete der Antriebsmaschinen
Prof. Dr.-Ing. Friedrich A. F. Schmidt, Technische Hochschule Aachen
Technischer Stand und Zukunftsaussichten der Verbrennungsmaschinen, insbesondere der Gasturbinen
Dr.-Ing. R. Friedrich, Siemens-Schuckert-Werke A.-G., Mülheimer Werk
Möglichkeiten und Voraussetzungen der industriellen Verwertung der Gasturbine

Heft 2:
Prof. Dr.-Ing. Wolfgang Riezler, Universität Bonn
Probleme der Kernphysik
Prof. Dr. phil. Fritz Micheel, Universität Münster,
Isotope als Forschungsmittel in der Chemie und Biochemie

Heft 3:
Prof. Dr. med. Emil Lehnartz, Universität Münster
Der Chemismus der Muskelmaschine
Prof. Dr. med. Gunther Lehmann, Direktor des Max-Planck-Instituts für Arbeitsphysiologie, Dortmund
Physiologische Forschung als Voraussetzung der Bestgestaltung der menschlichen Arbeit
Prof. Dr. Heinrich Kraut, Max-Planck-Institut für Arbeitsphysiologie, Dortmund
Ernährung und Leistungsfähigkeit

Heft 4:
Prof. Dr. Franz Wever, Max-Planck-Institut für Eisenforschung, Düsseldorf
Aufgaben der Eisenforschung
Prof. Dr.-Ing. Hermann Schenck, Technische Hochschule Aachen
Entwicklungslinien des deutschen Eisenhüttenwesens
Prof. Dr.-Ing. Max Haas, Techn. Hochschule Aachen
Wirtschaftliche und technische Bedeutung der Leichtmetalle und ihre Entwicklungsmöglichkeiten

Heft 5:
Prof. Dr. med. Walter Kikuth, Medizinische Akademie Düsseldorf
Virusforschung
Prof. Dr. Rolf Danneel, Universität Bonn
Fortschritte der Krebsforschung
Prof. Dr. med. Dr. phil. W. Schulemann, Univ. Bonn
Wirtschaftliche und organisatorische Gesichtspunkte für die Verbesserung unserer Hochschulforschung

Heft 6:
Prof. Dr. Walter Weizel, Institut für theoretische Physik, Bonn
Die gegenwärtige Situation der Grundlagenforschung in der Physik
Prof. Dr. Siegfried Strugger, Universität Münster
Das Duplikantenproblem in der Biologie
Prof. Dr. Rolf Danneel, Universität Bonn
Über das Verhalten der Mitochondrien bei der Mitose der Mesenchymzellen des Hühner-Embryos
Direktor Dr. Fritz Gummert, Ruhrgas A.-G., Essen
Überlegungen zu den Faktoren Raum und Zeit im biologischen Geschehen und Möglichkeiten einer Nutzanwendung

Heft 7:
Prof. Dr.-Ing. August Götte, Technische Hochschule Aachen
Steinkohle als Rohstoff und Energiequelle
Prof. Dr. e. h. Karl Ziegler, Max-Planck-Institut für Kohlenforschung Mülheim a. d. Ruhr
Über Arbeiten des Max-Planck-Instituts für Kohlenforschung

Heft 8:
Prof. Dr.-Ing. Wilhelm Fucks, Technische Hochschule Aachen
Die Naturwissenschaft, die Technik und der Mensch
Prof. Dr. sc. pol. Walther Hoffmann, Universität Münster
Wirtschaftliche und soziologische Probleme des technischen Fortschritts

Heft 9:
Prof. Dr.-Ing. Franz Bollenrath, Technische Hochschule Aachen
Zur Entwicklung warmfester Werkstoffe
Dr. Heinrich Kaiser, Staatl. Materialprüfungsamt Dortmund
Stand spektralanalytischer Prüfverfahren und Folgerung für deutsche Verhältnisse

Heft 10:
Prof. Dr. Hans Braun, Universität Bonn
Möglichkeiten und Grenzen der Resistenzzüchtung
Prof. Dr.-Ing. Carl Heinrich Dencker, Universität Bonn
Der Weg der Landwirtschaft von der Energieautarkie zur Fremdenergie

Heft 11:
Prof. Dr.-Ing. Herwart Opitz, Technische Hochschule Aachen
Entwicklungslinien der Fertigungstechnik in der Metallbearbeitung
Prof. Dr.-Ing. Karl Krekeler, Technische Hochschule Aachen
Stand und Aussichten der schweißtechnischen Fertigungsverfahren

Heft: 12
Dr. Hermann Rathert, Mitglied des Vorstandes der Vereinigten Glanzstoff-Fabriken A.-G., Wuppertal-Elberfeld
Entwicklung auf dem Gebiet der Chemiefaser-Herstellung
Prof. Dr. Wilhelm Weltzien, Direktor der Textilforschungsanstalt Krefeld
Rohstoff und Veredlung in der Textilwirtschaft

Heft: 13
Dr.-Ing. e. h. Karl Herz, Chefingenieur im Bundesministerium für das Post- und Fernmeldewesen Frankfurt a. Main
Die technischen Entwicklungstendenzen im elektrischen Nachrichtenwesen
Ministerialdirektor Dipl.-Ing. Leo Brandt, Düsseldorf
Navigation und Luftsicherung

Heft 14:
Prof. Dr. Burckhardt Helferich, Universität Bonn
Stand der Enzymchemie und ihre Bedeutung
Prof. Dr. med. Hugo W. Knipping, Direktor der Med. Universitätsklinik Köln
Ausschnitt aus der klinischen Carcinomforschung am Beispiel des Lungenkrebses

Heft 15:
Prof. Dr. Abraham Esau, Technische Hochschule Aachen
Die Bedeutung von Wellenimpulsverfahren in Technik und Natur
Prof. Dr.-Ing. Eugen Flegler, Technische Hochschule Aachen
Die ferromagnetischen Werkstoffe in der Elektrotechnik und ihre neueste Entwicklung

Heft 16:
Prof. Dr. rer. pol. Rudolf Seyffert, Universität Köln
Die Problematik der Distribution
Prof. Dr. rer. pol. Theodor Beste, Universität Köln
Der Leistungslohn

Heft 17:
Prof. Dr.-Ing. Friedrich Seewald, Technische Hochschule Aachen
Die Flugtechnik und ihre Bedeutung für den allgemeinen technischen Fortschritt
Prof. Dr.-Ing. Edouard Houdremont, Essen
Art und Organisation der Forschung in einem Industriekonzern

Heft 18:
Prof. Dr. med. Dr. phil. W. Schulemann, Universität Bonn
Theorie und Praxis pharmakologischer Forschung
Prof. Dr. Wilhelm Groth, Direktor des Physikalisch-Chemischen Instituts, Universität Bonn
Technische Verfahren zur Isotopentrennung

Heft 19:
Dipl.-Ing. Kurt Traenckner, Stellvertr. Vorstandsmitglied der Ruhrgas-A.G., Essen
Entwicklungstendenzen der Gaserzeugung

Heft 20:
M. Zvegintzov
Wissenschaftliche Forschung und die Auswertung ihrer Ergebnisse. Ziel und Tätigkeit der National Research Development Corporation
Dr. Alexander King, Department of Scientific & Industrial Research, London
Wissenschaft und internationale Beziehungen

Heft 21:
Prof. Dr. phil. Robert Schwarz, Aachen
Wesen und Bedeutung der Silicium-Chemie
Prof. Dr. Kurt Alder, Universität Köln
Fortschritte in der Synthese von Kohlenstoffverbindungen

Heft 21 a
Jahresfeier der Arbeitsgemeinschaft für Forschung des Landes Nordrhein-Westfalen am 21. 5. 1952 in Düsseldorf mit Ansprachen des Herrn Bundespräsidenten Professor Dr. Theodor Heuss, des Herrn Ministerpräsidenten Arnold, Frau Kultusminister Teusch, der Herren Professor Dr. Hahn, Professor Dr. Strugger, Vizepräsident Dobbert, Professor Dr. Richter, Professor Dr. Fucks.

Heft 22:
Prof. Dr. Johannes von Allesch, Universität Göttingen
Die Bedeutung der Psychologie im öffentlichen Leben
Prof. Dr. med. Otto Graf, Max-Planck-Institut für Arbeitsphysiologie, Dortmund
Triebfedern menschlicher Leistung

Heft 23:
Prof. Dr. phil. Dr. jur. h. c. Bruno Kuske, Universität Köln
Probleme der Raumforschung
Prof. Dr. Dr.-Ing. e. h. Prager
Städtebau und Landesplanung

Heft 24:
Prof. Dr. Rolf Danneel, Universität Bonn
Über die Wirkungsweise der Erbfaktoren
Prof. Dr. K. Herzog, Medizinische Akademie Düsseldorf
Bewegungsbedarf der menschlichen Gliedmaßengelenke bei der Berufsarbeit

Heft 25:
Prof. Dr. O. Haxel, Heidelberg
Energiegewinnung aus Kernprozessen
Dr. Dr. Max Wolf, Düsseldorf
Gegenwartsprobleme der energiewirtschaftlichen Forschung

Heft 26:
Prof. Dr. Friedrich Becker, Universität Bonn
Ultrakurzwellen aus dem Weltraum, ein neues Forschungsgebiet der Astronomie
Dozent Dr. H. Straßl, Bonn
Bemerkenswerte Doppelsterne und das Problem der Sternentwicklung

Heft 27:
Prof. Dr. Heinrich Behnke, Universität Münster
Der Strukturwandel der Mathematik in der ersten Hälfte des 20. Jahrhunderts
Prof. Dr. E. Sperner, Bonn
Eine mathematische Analyse der Luftdruckverteilungen in großen Gebieten

Heft 28:
Prof. Dr. O. Niemczyk, Aachen
Die Problematik gebirgsmechanischer Vorgänge im Steinkohlenbergbau
Prof. Dr. W. Ahrens, Krefeld
Die Bedeutung geologischer Forschung für die Wirtschaft, besonders in Nordrhein-Westfalen

Heft 29:
Prof. Dr. B. Rensch, Münster
Das Problem der Residuen bei Lernleistungen
Prof. Dr. H. Fink, Köln
Über Leberschäden bei der Bestimmung des biologischen Wertes verschiedener Eiweiße von Mikroorganismen

Heft 30:
Prof. Dr.-Ing. F. Seewald, Aachen
Forschungen auf dem Gebiete der Aerodynamik
Prof. Dr.-Ing. K. Leist, Aachen
Forschungen in der Gasturbinentechnik

Heft 31:
Direktor Dr. F. Mietzsch, Wuppertal
Chemie und wirtschaftliche Bedeutung der Sulfonamide
Prof. Dr. G. Domagk, Wuppertal
Die experimentellen Grundlagen der Chemotherapie der bakteriellen Infektionen

Heft 32:
Prof. Dr. Hans Braun, Universität Bonn
Die Verschleppung von Pflanzenkrankheiten und -schädlingen über die Welt
Prof. Dr. Wilhelm Rudorf, Max-Planck-Institut für Züchtungsforschung, Voldagsen
Der Beitrag von Genetik und Züchtung zur Bekämpfung von Viruskrankheiten der Nutzpflanzen

Heft 33:
Prof. Dr.-Ing. V. Aschoff, Aachen
Probleme der elektroakustischen Einkanalübertragung
Prof. Dr.-Ing. H. Döring, Aachen
Erzeugung und Verstärkung von Mikrowellen

Heft 34:
Geheimrat Prof. Dr. Rudolf Schenck, Aachen
Bedingungen und Gang der Kohlenhydratsynthese im Licht
Prof. Dr. Emil Lehnartz, Universität Münster
Die Endstufen des Stoffabbaus im Organismus

Heft 35:
Prof. Dr.-Ing. H. Schenk, Aachen
Gegenwartsprobleme der Eisenindustrie in Deutschland
Prof. Dr.-Ing. E. Piwowarsky, Aachen
Gelöste und ungelöste Probleme des Gießereiwesens

Heft 36:
Prof. Dr. W. Riezler, Bonn
Teilchenbeschleuniger
Prof. Dr. med. G. Schubert, Hamburg
Anwendung neuer Strahlenquellen in der Krebstherapie

Heft 37:
Prof. Dr. F. Lotze, Münster
Probleme der Gebirgsbildung
Bergwerksdirektor Bergassessor a. D. Rauschenbach, Essen
Die Erhaltung der Förderungskapazität des Ruhrbergbaues auf lange Sicht

Heft 38:
Dr. E. C. Cherry, D. Sc., A.M.I.E.E., London
Cybernetics
Prof. Dr. E. Pietsch, Clausthal-Zellerfeld
Dokumentation und mechanisches Gedächtnis — zur Frage der Ökonomie der geistigen Arbeit

Heft 39:
Dr. H. Haase, Hamburg
Infrarot und seine technischen Anwendungen
Prof. Dr. A. Esau, Aachen
Die Bedeutung des Ultraschalls für technische Anwendungsgebiete

Heft 40:
Bergassessor F. Lange, Bochum-Hordel
Die wissenschaftliche und soziale Bedeutung der Silikose im Bergbau
Prof. Dr. W. Kikuth, Düsseldorf
Die Entstehung der Silikose und ihre Verbreitungsmaßnahmen

Heft 40a:
Prof. Dr. E. Groß, Bonn
Berufskrebs und Krebsforschung
Prof. Dr. H. W. Knipping, Köln
Die Situation der Krebsforschung vom Standpunkt der Klinik und des praktischen Arztes

Geisteswissenschaften

Heft 1:
Prof. Dr. W. Richter, Bonn
Die Bedeutung der Geisteswissenschaften für die Bildung unserer Zeit
Prof. Dr. J. Ritter, Münster
Die aristotelische Lehre vom Ursprung und Sinn der Theorie

Heft 2:
Prof. Dr. J. Kroll, Köln
Elysium
Prof. Dr. G. Jachmann, Köln,
Die vierte Ekloge Vergils

Heft 3:
Prof. Dr. H. E. Stier, Münster
Die klassische Demokratie

Heft 4:
Prof. Dr. W. Caskel, Köln
Lihjan und Lihjanisch. Sprache und Kultur eines früharabischen Königreiches

Heft 5:
Prof. Dr. Th. Ohm, Münster
Stammesreligionen im südlichen Tanganyika-Territorium. — Religionswissenschaftliche Ergebnisse meiner Ostafrikareise 1951

Heft 6:
Prälat Prof. Dr. G. Schreiber, Münster
Deutsche Wissenschaftspolitik von Bismarck bis zum Atomphysiker Otto Hahn

Heft 7:
Prof. Dr. W. Holtzmann, Bonn
Das mittelalterliche Imperium und die werdenden Nationen

Heft 8:
Prof. Dr. W. Caskel, Köln
Die Bedeutung der Beduinen in der Geschichte der Araber

Heft 9:
Prälat Prof. Dr. G. Schreiber, Münster
Iroschottische und angelsächsische Kultureinflüsse im Mittelalter

Heft 10:
Prof. Dr. P. Rassow, Köln
Forschungen zur Reichsidee im 16. und 17. Jahrhundert

Heft 11:
Prof. Dr. H. E. Stier, Münster
Roms Aufstieg zur Weltherrschaft

Heft 12:
Prof. Dr. D. K. H. Rengstorf, Münster
Zum Problem der Gleichberechtigung zwischen Mann und Frau auf dem Boden des Urchristentums
Prof. Dr. H. Conrad, Bonn,
Grundprobleme einer Reform des Familienrechts

Heft 13:
Professor Dr. Max Braubach, Bonn,
Der Weg zum 20. Juli 1944 — Ein Forschungsbericht

Heft 14:
Prof. Dr. Paul Hübinger, Münster
Das deutsch-französische Verhältnis und seine mittelalterlichen Grundlagen

Heft 15:
Prof. Dr. Franz Steinbach, Bonn
Der geschichtliche Weg des wirtschaftenden Menschen in die soziale Freiheit und politische Verantwortung

Heft 16:
Prof. Dr. Josef Koch, Köln
Die Ars coniecturalis des Nikolaus von Cues

Heft 17:
Dr. James B. Conant,
U.S.-Hochkommissar für Deutschland
Staatsbürger und Wissenschaftler
Prof. Dr. D. Karl Heinrich Rengstorf, Münster
Antike und Christentum

Heft 18:
Prof. Dr. Richard Alewyn, Köln
Klopstocks Publikum

Heft 19:
Prof. Dr. Fritz Schalk, Köln
Das Lächerliche in der französischen Literatur des Ancien Regime

Heft 20:
Prof. Dr. Ludwig Raiser, Bad Godesberg
Präsident der Deutschen Forschungsgemeinschaft
Rechtsfragen der Mitbestimmung

Heft 21:
Prof. D. Martin Noth, Bonn
Das Geschichtsverständnis der alttestamentlichen Apokalyptik

Heft 22:
Prof. Dr. Walter F. Schirmer, Bonn
Glück und Ende der Könige in Shakespeares Historien

Heft 23:
Prof. Dr. Günther Jachmann, Köln
Der homerische Schiffskatalog und die Ilias

Heft 24:
Prof. Dr. Theodor Klauser, Bonn
Die römischen Petrustraditionen im Lichte der neuen Ausgrabungen unter der Peterskirche

Heft 25:
Prof. Dr. Hans Peters, Köln
Der Grundsatz der Gewaltentrennung in heutiger Sicht

If you have any concerns about our products,
you can contact us on
ProductSafety@springernature.com

In case Publisher is established outside the EU,
the EU authorized representative is:
**Springer Nature Customer Service Center GmbH
Europaplatz 3, 69115 Heidelberg, Germany**

Printed by Libri Plureos GmbH
in Hamburg, Germany